国家科技基础性工作专项项目
国家“十三五”重点出版物出版规划项目

中国主要农作物生育期图集

梅旭荣　刘勤　严昌荣　编著

浙江出版联合集团　浙江科学技术出版社

图书在版编目(CIP)数据

中国主要农作物生育期图集 / 梅旭荣,刘勤,严昌荣编著. —杭州:浙江科学技术出版社,2016.12

ISBN 978-7-5341-7290-8

Ⅰ. ①中… Ⅱ. ①梅… ②刘… ③严… Ⅲ. ①作物—生育期管理—中国—图集 Ⅳ. ①S363-64

中国版本图书馆 CIP 数据核字(2016)第 217956 号

本图集中国国界线系按照中国地图出版社 1989 年出版的 1 : 400 万《中华人民共和国地形图》绘制

书　　名 中国主要农作物生育期图集

编　　著 梅旭荣　刘　勤　严昌荣

出版发行 浙江科学技术出版社

杭州市体育场路 347 号　邮政编码:310006

办公室电话:0571-85176593

销售部电话:0571-85176040

网　址:www.zkpress.com

E-mail:zkpress@zkpress.com

排　　版 杭州大漠照排印刷有限公司

印　　刷 浙江海虹彩色印务有限公司

经　　销 全国各地新华书店

开　　本 787×1092　1/8　　**印　张** 20.5

字　　数 525 000

版　　次 2016 年 12 月第 1 版　　**印　次** 2016 年 12 月第 1 次印刷

书　　号 ISBN 978-7-5341-7290-8　　**定　价** 300.00 元

审 图 号 GS(2016)3232 号

策划组稿 章建林　**责任编辑** 李亚学

责任校对 赵　艳　**责任美编** 金　晖　**责任印务** 田　文

《中国主要农作物生育期图集》编写人员

编　著　梅旭荣　刘　勤　严昌荣

编写人员　（按姓氏笔画排序）

毛翔飞　史建国　白　伟　刘　爽　刘　勤　刘永红
刘恩科　孙东宝　严昌荣　杜　楠　李　真　李尚中
李焕春　杨　宁　杨建莹　杨晓光　杨爱全　何文清
沈作奎　张立祯　张亚建　周怀平　胡　玮　郭志利
梅旭荣　戚华雄　董文怡　董立国　樊廷录　潘艳华

中国地理底图绘制　浙江省第一测绘院

数字制图　王利军　吴宏海　袁辉林

序言

农作物生长发育离不开光、温、水、气等气候要素。农业气候要素的数量、质量及其时空组合为农作物生长发育提供了必不可少的能量和物质来源，并决定了农作物生长发育进程、生产布局、种植结构和种植制度。与此同时，人类在农作物遗传特性的改良利用、培肥施肥、节水灌溉、防灾减灾等领域的科学技术进步和规模应用，也促使农作物生长发育对气候资源的利用由被动适应转为主动利用，形成了具有明显区域特点的农业生产格局。

20世纪80年代初，崔读昌等编制出版了《中国主要农作物气候资源图集》，比较全面地反映了1951—1980年30年间气候资源与作物生长发育的关系。20世纪80年代以来，全球气候变暖呈现加快的趋势，气候变化已成为不争的事实，光、温、水、气等气候要素及其时空匹配状况发生了明显的变化，对作物的生长发育和产量形成产生了深刻影响，并显著改变了主要农业生态区的种植制度与种植模式。研究和掌握最近30年主要作物种植分区、种植制度和生育期状况，揭示不同时期农业气候资源区域分布及其变化特点，是合理利用农业气候资源，优化种植结构和种植制度布局，科学应对气候变化，提高农业生产力及防灾减灾和趋利避害能力，保障国家粮食安全的农业科技基础性工作。

2007年，国家科技基础性工作专项“中国农业气候资源数字化图集编制”(项目编号：2007FY120100)获科技部立项资助。本项目在1984年编制出版的《中国主要农作物气候资源图集》基础上，选择水稻、小麦、玉米、棉花、大豆、柑橘、苹果和天然牧草为对象，以全国740个气象台站1981—2010年30年的气象数据为基础，整合农业气象试验站资料、灾情调研数据、主要作物生育期调研数据，整编形成了中国农业气候资源数据库(1981—2010年)；建立了包括农业气候资源派生指标的生成方法、数据分级规范、数据空间化处理和图示化规范、制图质量控制规范、图集编制规范等在内的制图标准规范，采用1∶400万国家基础地理信息底图，以ArcGIS为系统开发平台，构建了中国农业气候资源数字化制图系统；按主要农作物生育期、农业气候资源、作物光温资源、作物水分资源和农业气象灾害五大类专题内容，分别绘制了数字化样图，经样图校验和专家审阅，编制形成了中国农业气候资源数字化图集(1981—2010年电子图库)。

中国农业气候资源数字化图集的编制，为我国的农业气候资源科学研究、农业生产布局决策和全社会知识普及提供了一个数据可更新、图幅可查阅的共享平台，也为今后针对不同的应用对象和目的编制专门的图集提供了数据、技术和平台支持。为了更好地普及有关知识，及时传播最新科研成果，指导我国现代农业发展，我们从中国农业气候资源数字化图集电子图库中精选了960余幅图，编制成1981—2010年30年“中国农业气候资源图集”系列图书，包括《中国农业气候资源图集·综合卷》《中国农业气候资源图集·作物光温资源卷》《中国农业气候资源图集·作物水分资源卷》《中国农业气候资源图集·农业气象灾害卷》，以及《中国主要农作物生育期图集》。

“中国农业气候资源图集”系列图书是在国家科技基础性工作专项、国家出版基金的资助下，以及中国农业科学院创新工程的支持下编制出版的，包含了几代农业气象科技工作者的心血，凝聚了国内有关单位科学家的智慧，是中国农业科学院农业环境与可持续发展研究所、农业资源与农业区划研究所、农田灌溉研究所、果树研究所、柑橘研究所，以及中国气象科学研究院、中国农业大学、中国科学院地理科学与资源研究所等项目参加单位精诚合作和协同创新的结晶。作物高效用水与抗灾减损国家工程实验室、农业部农业环境重点实验室和农业部旱作节水农业重点实验室对本书的出版提供了智力支持。国内有关院所和大学在作物生育期调查和图集校验过程中提供了无私的帮助。值此系列图集出版之际，谨向所有参加本项目的合作单位和个人表示衷心的感谢！特别感谢项目专家咨询组孙九林、马宗晋、李泽椿、周明煜、郑大玮、张维理等院士和专家对项目实施和系列图集编撰工作的指导。

本系列图集适用于从事农业气候资源利用及相关领域科研和教学人员查阅、共享和二次研发，也可供基层技术人员参考使用，为管理部门制定政策和指导生产提供依据。

由于中国农业气候资源数字化图集编制方面的研究目前还不够系统，我们虽然在图集编制过程中倾尽所能开展工作，但图集中出现各种遗漏和片面之处在所难免，殷切希望广大同仁和读者不吝赐教，给予批评指正，以便今后修订、完善，更好地促进农业气候资源的科学研究和成果共享。

2015年4月

QIAN YAN

前言

全球气候暖化已经成为一个整体趋势,大范围气温升高、冰雪融化、海平面上升和植物物候变化等事实都支持了这一观点。IPCC(Intergovernmental Panel on Climate Change,联合国政府间气候变化专门委员会)第五次评估报告指出,1880—2012年全球地表平均温度升高了约0.85℃,1913年以来中国地表平均温度上升了0.91℃。一方面,人类活动和自然条件变化导致了气候变化,如人为的大气温室气体浓度增加造成的地表增暖,增强的温室效应及全球变暖、区域性土地利用和土地覆盖变化、大气中人为的气溶胶浓度增加等人类活动对我国降水的可能影响,人为的气溶胶浓度增加引起的日照时数减少等;另一方面,气候变化又对地球上的人类生存环境和自然生态产生了显著的影响,如气候变化可能导致我国北方干旱趋势延续、南方洪涝灾害扩大加剧以及水土流失与土壤侵蚀灾害的发展。农业生产依赖于气候条件,是受气候变化影响最直接和最大的行业之一。气候为农作物生长提供了光、热、水和气等物质和能量,是进行农业生产的重要自然资源。气候资源在数量、质量及组合特征上既具有地域分异特征,又具有时间分异特征。对农业生产而言,气候变化通过改变农作物生长发育过程中光照、热量和水分,以及光照、热量和水分的匹配状况来影响农作物,从而对农作物的生长、产量和区域种植模式产生影响。针对气候变化对农业的影响,迫切需要深入地研究气候变化与农业的关系,掌握农业气候资源的现状、变化趋势以及气候变化对农业生产布局的影响。在气候变化的背景下,研究作物种植区域、种植制度和作物生育期的变化,弄清光、热、水资源配合与协调的程度,了解不同气候要素对作物生长影响的程度,从而合理利用农业气候资源,提高农业生产力及防灾减灾、趋利避害的能力,实现农业高产优质、高效安全和可持续发展,确保我国粮食安全。

20世纪80年代初,崔读昌等(1984)绘制出版了《中国主要农作物气候资源图集》,包含了20世纪70—80年代我国主要农作物生育期的空间分布情况。20世纪80年代后,随着气候变暖日益加剧,气候变化对作物生育期产生了明显的影响,许多学者在这方面做了大量的研究,建立了基于作物模拟模型,定量研究气候变化与作物生育期的关系,描述气候驱动与作物生育期的因果关系,对指导农业生产合理利用气候资源产生了积极的作用。但由于我国广阔的区域空间、复杂多变的气候条件、繁多的农作物种类、不同的农作物种植制度以及农作物生长发育对气候适应的复杂性,编制一部能够在全国范围内反映气候变化对主要农作物生育期的影响,以及主要农作物生育期变化特点的专著对指导农业生产活动具有极为重要的理论和实践意义。因此，我们以前人，尤其是崔读昌先生的研究成果为基础，开展了21世纪近10年全国主要农作物生育期的调研工作，对全国2000多个县（市）农业气候资料和农作物生育期进行了广泛的收集、整理和分析，并比较研究了20世纪80年代和21世纪10年代这两个时间段主要农作物生育期的变化，编制出版了这部《中国主要农作物生育期图集》。图集中所表达的要素和指标均经过鉴定，并考虑了它的农业意义和主要农作物对气象条件的要求。

本图集是在老一辈农业气象工作者的关怀、帮助和支持下完成的，包含了许多农业气象工作者的心血，是几代农业气候资源研究人员辛勤工作的成果。本图集的绘制与出版得到了中国农业科学院农业环境与可持续发展研究所、中国农业大学、四川省农业科学院、甘肃省农业科学院、东北农业大学的大力支持。中国农业科学院崔读昌研究员不仅提供了20世纪80年代全部农作物生育期图，而且对21世纪10年代农作物生育期图进行了全面细致的审核和修改，给予了无私的帮助。同时，还要特别感谢国家科技基础性工作专项“中国农业气候资源数字化图集编制”和国家出版基金的资助。

在我国，主要农作物生育期的研究是一项长期性、基础性工作，本图集首次进行了不同时期生育期变化的比较研究。在编制本图集的过程中我们虽然倾尽所能，力求避免错误，但由于农作物种植区域的广阔性、农作物生育期的复杂性，以及长时间序列数据获取的困难，图集中出现各种遗漏和片面性的情况在所难免。随着农业气候资源特点和农作物生育期研究工作的深入，必然会不断产生新的科研成果，本图集将得到进一步补充和订正。因此，殷切希望广大同仁和读者不吝赐教，给予批评指正，以促进农业气候资源的合理利用，推动我国农业可持续发展。

编　者

2016年8月

编制说明

一、编制目的

我国地域辽阔，气候类型多样，农业气候资源丰富，但人口、土地与粮食的矛盾日益突出，农业气象灾害频繁发生。在过去的几十年中，由于全球气候变暖及农作物品种更换等多种因素的影响，我国农业气候资源的时空分布发生了明显的改变，农业生产结构和布局经过了多次调整，同时主要农作物生育期在空间上也出现了一些变化。因此，采用数字化技术，整编农作物生育期数据、编制不同时段全国主要农作物生育期图集，通过比较两个时期农作物生育期变化，对科学评估气候变化对我国农业的影响、提高农业防灾减灾能力、建设优质高效现代农业、促进农业科学发展都具有深远的意义。

围绕我国农业发展的战略需求，应用现代信息技术手段，整合我国主要农作物生育期数据，并基于“中国主要农作物生育期数据库”和《中国主要农作物气候资源图集》中的农作物生育期资料，根据农业气候资源制图规范，我们编制了本图集，为高效利用农业气候资源、合理布局农业生产结构、趋利避害、保障农业可持续发展提供基础数据支撑。

二、资料和数据来源

20 世纪 70—80 年代的农作物生育期资料来自崔读昌等（1984）收集的全国近 2000 个县（市）的小麦（冬小麦、春小麦）、水稻（一季稻、双季早稻、双季晚稻）、玉米（春玉米、夏玉米）和棉花等农作物主要品种的生育期资料和全国主要农作物品种区域试验的生育期资料。崔读昌等对所获取的资料和数据进行分析整理，并在重点地区进行调查、核对，同时还邀请全国有关专家对整编资料进行审查，形成了 20 世纪 80 年代主要农作物生育期数据集。

21 世纪 10 年代的农作物生育期资料来自我们调研的全国 2000 多个县（市）的小麦（冬小麦、春小麦）、水稻（一季稻、双季早稻、双季晚稻）、玉米（春玉米、夏玉米）、棉花和大豆（春大豆、夏大豆）等主要农作物生育期资料，并按照时段相对一致、测定方法一致、数据表示方法一致的原则，对农作物生育期及相关数据进行处理和整编。具体方法是根据每个调研点作物各个生育期的起始日期计算其生育期的中值，以作物生育期中值作为生育期等值线的绘制依据。为了保证数据的准确，我们对重点地区及主要农作物生育期进行核查，并邀请相关专家对整编资料再进行审查，最后整编形成小麦（冬小麦、春小麦）、水稻（一季稻、双季早稻、双季晚稻）、玉米（春玉米、夏玉米）、棉花和大豆（春大豆、夏大豆）生育期基础数据库。

三、资料整编及处理

在收集和整理农作物生育期及相关资料时，首先考虑农作物对环境条件的基本要求，其次考虑这些农作物生育期指标能够反映区域的基本状况，使之有明确的地区代表性。同时，由于种植制度不同，各地茬口繁多，在农作物生育期资料整编时主要考虑正茬作物，如一季稻以春播一季稻为主，早稻和晚稻只考虑双季早稻、双季晚稻；春玉米不包括套种玉米，夏玉米主要是冬小麦收获后的接茬玉米；棉花和大豆主要考虑单作棉花和单作大豆。在绘制各等值线时，除了考虑气候条件外，还考虑了农作物生长发育的规律和农业生产的实际情况。

四、图集的应用

根据主要农作物生育期图，可以直接或间接查找各地小麦（冬小麦、春小麦）、水稻（一季稻、双季早稻、双季晚稻）、玉米（春玉米、夏玉米）、棉花和大豆（春大豆、夏大豆）等主要农作物生育期的日期，查看过去30多年来我国主要农作物生育期的变化情况。根据本图集给出的两个时段主要农作物全生育期及各生育期空间分布，可以了解现有农作物与气候条件的配套情况，确定各地区需要的农作物品种或品种特性，为合理利用农作物品种资源提供依据。同时，品种更新和引种农作物是农业生产的一个重要活动，了解农作物原产地气候条件和农作物的生育进程是这个工作的基础。应用本图集可以获得农作物生育期，对照农作物生育期的气候条件能找出其气候相似区，从而为农作物品种更新、新品种引进和推广提供技术支撑。根据本图集中的农作物生育期，可以确定农作物栽培技术的区域性，如灌溉时期、灌溉量和灌溉制度、病虫害防治技术和农业机具的配置，以及根据农作物成熟期的降水情况，确定各地区某种农作物收获所需配置的烘干设备等。

MU LU 目录

一、冬小麦

冬小麦生育期变化图说明

冬小麦是我国主要的粮食作物之一，播种面积约占小麦总面积的90%，种植区域极为广泛，从热带的海南岛到东北的辽宁、西北的新疆以及青藏高原地区都有种植。冬小麦主产区主要分布在长城以南的广大地区，包括河南、山东、江苏、四川、安徽、陕西、湖北和山西等省，其中河南和山东是冬小麦种植面积最大、产量最多的省份，这两个省冬小麦种植面积和产量皆占全国小麦种植面积和产量的50%以上。本图集中冬小麦生育期主要分为播种期、越冬期、返青期、拔节期、开花期和成熟期。

20世纪80年代，冬小麦播种期南北的区域差异较小，但其拔节期、抽穗期和成熟期的区域差异大，一般北方地区冬小麦播种期比南方地区早1—2个月，而南方地区冬小麦成熟期比北方地区早2—4个月。21世纪10年代，冬小麦播种期由南向北逐渐提前，北方地区比南方地区早1—2个月；而冬小麦拔节期、开花期和成熟期由南向北逐渐延迟，北方地区冬小麦成熟期要比南方地区迟2—3个月。

受气候条件、冬小麦品种和作物茬口等综合因素的影响，冬小麦生育期不仅具有明显的地带性，表现出随纬度变化而变化的特点，而且在长时间尺度上，同一地点冬小麦生育期也出现变化。与20世纪80年代相比，在秦岭—淮河以北地区，21世纪10年代冬小麦播种期普遍推迟，一般为7—10天；而福建、广东和广西沿海一带的冬小麦播种期一般推迟约20天，其他地区无明显变化。冬小麦越冬期同一时期的等值线一般往北移动了约2个纬度，时间上普遍推迟5—10天。在辽宁丹东、营口以及山东东部地区，冬小麦返青期提前5—7天。在秦岭—淮河以北、新疆和西藏东南部地区，冬小麦拔节期变化不明显，而在秦岭—淮河以南地区，除了云南南部地区冬小麦拔节期提前约10天外，其他地区普遍推迟7—10天。在山东东部地区，冬小麦开花期提前约7天；而在秦岭—淮河以南地区，冬小麦开花期变化比较复杂，四川峨眉山地区推迟约10天，福建、广东、广西和云南则推迟10—30天，其中云南南部地区尤为明显。华南地区冬小麦成熟期推迟约20天，其他地区变化幅度不大。

我国北方地区冬小麦全生育期日数为260天左右，新疆地区为280天左右，而青藏高原可达300天以上，南方地区冬小麦全生育期日数只有160天。总体上，与20世纪80年代相比，21世纪10年代冬小麦全生育期日数缩短了10—15天。冬小麦播种—越冬期日数为60—70天，越冬—返青期日数为45—130天，一般是北方地区较长，南方地区较短。冬小麦返青—拔节期日数为20—50天，最长日数在青藏高原，达50天。冬小麦拔节—开花期日数一般为40—60天，北方地区较短，而南方地区较长，其中云南南部可达100天。冬小麦开花—成熟期日数一般为30—50天，但青藏高原冬小麦开花—成熟期较长，可达60天以上。

综上所述，冬小麦生育期在两个时段的变化比较复杂，除了受气候变化影响外，作物品种、作物茬口、种植技术和数据来源等也是重要的原因。根据本图集中的冬小麦全生育期及各生育期日数的等值线图，能直观地了解我国冬小麦生育期的特点及变化情况，为合理利用气候资源、冬小麦品种更新、农事活动和管理提供技术支撑。

20世纪80年代冬小麦播种期
9月上旬至中旬
9月中旬至下旬
9月下旬至10月上旬
9月11日
9月21日
10月1日
10月11日
10月21日
11月1日
11月11日
11月上旬
11月中旬
10月下旬
图 例
北京市 首 都
天津市 省级行政中心
保定 一般城市
国 界
未定国界
省、自治区、直辖市界
特别行政区界
河 流
常年湖、时令湖
运 河
珠穆朗玛峰 8844.43 山峰、高程
5260 山口、高程
唐古拉山 山脉名
农作物生育期等值线
比例尺 1：18 000 000
南 海 诸 岛
比例尺 1：36 000 000

21世纪10年代冬小麦播种期
图例
北京市 首都
天津市 省级行政中心
保定 一般城市
国界
未定国界
省、自治区、直辖市界
特别行政区界
河流
常年湖、时令湖
运河
珠穆朗玛峰 8844.43 山峰、高程
×5260 山口、高程
唐古拉山 山脉名
农作物生育期等值线
比例尺 1:18 000 000
南海诸岛
比例尺 1:36 000 000

20世纪80年代冬小麦越冬期
11月1日
11月11日
11月21日
12月1日
12月11日
12月21日
1月1日
图例
北京市 首都
天津市 省级行政中心
保定 一般城市
国界
未定国界
省、自治区、直辖市界
特别行政区界
河流
常年湖、时令湖
运河
珠穆朗玛峰 8844.43 山峰、高程
5260 山口、高程
唐古拉山 山脉名
农作物生育期等值线
比例尺 1:18 000 000
南海诸岛
比例尺 1:36 000 000

21世纪10年代冬小麦越冬期

20世纪80年代冬小麦返青期
2月21日
3月1日
3月11日
3月21日
4月1日
2月下旬至3月中旬
南海诸岛
比例尺
1:36 000 000
图 例
北京市 首 都
天津市 省级行政中心
保定 一般城市
国 界
未定国界
省、自治区、直辖市界
特别行政区界
河 流
常年湖、时令湖
运 河
珠穆朗玛峰 8844.43 山峰、高程
×5260 山口、高程
唐古拉山 山脉名
农作物生育期等值线
比例尺 1:18 000 000

21世纪10年代冬小麦返青期
图例
北京市 首都
天津市 省级行政中心
保定 一般城市
国界
未定国界
省、自治区、直辖市界
特别行政区界
河流
常年湖、时令湖
运河
珠穆朗玛峰 8844.43 山峰、高程
×5260 山口、高程
唐古拉山 山脉名
农作物生育期等值线
比例尺 1:18 000 000
南海诸岛
比例尺 1:36 000 000

20世纪80年代冬小麦拔节期
5月1日
4月16日
4月1日
3月16日
3月1日
2月16日
2月1日
1月16日
1月1日
4月下旬至5月上旬
4月中旬至下旬
5月上旬至中旬
南海诸岛
比例尺
1:36 000 000
图例
北京市 首都
天津市 省级行政中心
保定 一般城市
国界
未定国界
省、自治区、直辖市界
特别行政区界
河流
常年湖、时令湖
运河
珠穆朗玛峰 8844.43 山峰、高程
×5260 山口、高程
唐古拉山 山脉名
农作物生育期等值线
比例尺 1:18 000 000
千米 180 0 180 360 540 千米

21世纪10年代冬小麦拔节期
图例
北京市 首都
天津市 省级行政中心
保定 一般城市
国界
未定国界
省、自治区、直辖市界
特别行政区界
河流
常年湖、时令湖
运河
珠穆朗玛峰 8844.43 山峰、高程
5260 山口、高程
唐古拉山 山脉名
农作物生育期等值线
比例尺 1:18 000 000
南海诸岛
比例尺 1:36 000 000

20世纪80年代冬小麦抽穗期
图例
北京市 首都
天津市 省级行政中心
保定 一般城市
国界
未定国界
省、自治区、直辖市界
特别行政区界
河流
常年湖、时令湖
运河
珠穆朗玛峰 8844.43 山峰、高程
5260 山口、高程
唐古拉山 山脉名
农作物生育期等值线
比例尺 1:18 000 000
南海诸岛
比例尺 1:36 000 000
5月中旬至下旬
5月下旬
5月下旬至6月上旬
5月21日
5月11日
5月1日
4月21日
4月11日
4月1日
3月1日
2月21日
2月1日

21世纪10年代冬小麦播种—成熟期日数

21世纪10年代冬小麦播种—越冬期日数

21世纪10年代冬小麦越冬—返青期日数
图 例
北京市 首 都
天津市 省级行政中心
保定 一般城市
国 界
未定国界
省、自治区、直辖市界
特别行政区界
河 流
常年湖、时令湖
运 河
珠穆朗玛峰 8844.43 山峰、高程
5260 山口、高程
唐古拉山 山脉名
农作物生育期日数等值线（单位：天）
比例尺 1：18 000 000
南海诸岛
比例尺 1：36 000 000

21世纪10年代冬小麦返青—拔节期日数
图例
北京市 首都
天津市 省级行政中心
保定 一般城市
国界
未定国界
省、自治区、直辖市界
特别行政区界
河流
常年湖、时令湖
运河
珠穆朗玛峰 8844.43 山峰、高程
×5260 山口、高程
唐古拉山 山脉名
农作物生育期日数等值线（单位：天）
比例尺 1：18 000 000
南海诸岛
比例尺 1：36 000 000

21世纪10年代冬小麦播种—拔节期日数(南方)

21世纪10年代冬小麦拔节—开花期日数

21世纪10年代冬小麦开花—成熟期日数
图例
北京市 首都
天津市 省级行政中心
保定 一般城市
国界
未定国界
省、自治区、直辖市界
特别行政区界
河流
常年湖、时令湖
运河
珠穆朗玛峰 8844.43 山峰、高程
×5260 山口、高程
唐古拉山 山脉名
农作物生育期日数等值线（单位：天）
比例尺 1:18 000 000
南海诸岛
比例尺 1:36 000 000

二、春小麦

春小麦生育期变化图说明

在我国，春小麦主要分布在东北、西北和青藏高原地区，即北部狭长地带，如东北地区的吉林、辽宁、黑龙江及内蒙古东四盟，西北地区的甘肃、宁夏和新疆等。春小麦种植区的主要特点是气温较低、降水量偏少、生长季短，作物熟制为一年一熟。在本图集中，春小麦生育期划分为播种期、拔节期、开花期和成熟期。

总体上，春小麦生育期呈现由南向北逐渐推迟的现象。20 世纪 80 年代，辽宁南部、河北中部春小麦播种期、拔节期、抽穗期和成熟期比黑龙江北部和内蒙古东部早 30—40 天；在青藏高原，由于低纬度和高海拔的特点，春小麦拔节期与黑龙江中部、内蒙古北部的拔节期基本相近，抽穗期和成熟期则推迟 1—3 个月。

21 世纪近 10 年，在空间上春小麦生育期的特点与 20 世纪 80 年代基本一致，但也发生了一些变化。与 20 世纪 80 年代相比，除新疆地区外，其他地区春小麦播种期普遍推迟 10—15 天。除新疆南部、西藏东南部地区春小麦拔节期无明显变化外，其他地区春小麦拔节期普遍推迟，一般为 10—15 天，春小麦拔节期同一时期的等值线向北移动约 2 个纬度。春小麦开花期的变化比较复杂，其中新疆地区春小麦开花期变化不明显，西藏东南部地区提前约 10 天。春小麦成熟期变化也较复杂，21 世纪 10 年代青海地区春小麦成熟期推迟约 10 天，而西藏东南部地区提前约 20 天，其他地区没有明显变化。

春小麦全生育期日数较短，一般情况下为 100—120 天，但西藏地区春小麦全生育期日数最高可达 190 天。与 20 世纪 80 年代相比，21 世纪 10 年代春小麦全生育期日数略有减少。春小麦各生育期日数由于气候条件和品种的差异而有所不同，其中春小麦播种—拔节期日数一般为 40—60 天，拔节—开花期日数一般为 20—40 天，开花—成熟期日数一般为 30—50 天；在西藏地区，由于受特殊的地理和气候条件影响，春小麦播种—拔节期日数可达 90 天，开花—成熟期日数可达 65 天，比一般情况下春小麦相对应的生育期日数增加 1 倍左右。

综合来看，春小麦生长期长短与温度呈负相关，但与降水量呈极显著正相关，在生育期内降水量每减少 10 毫米，生长期缩短约 0.8 天。与 20 世纪 80 年代相比，由于 21 世纪 10 年代春、夏季降水量明显减少，因此春小麦拔节期和开花期有所延缓，全生育期日数略有减少。

20世纪80年代春小麦抽穗期
图例
北京市 首都
天津市 省级行政中心
保定 一般城市
国界
未定国界
省、自治区、直辖市界
特别行政区界
河流
常年湖、时令湖
运河
珠穆朗玛峰 8844.43 山峰、高程
×5260 山口、高程
唐古拉山 山脉名
农作物生育期等值线
比例尺 1:18 000 000
南海诸岛
比例尺 1:36 000 000

21世纪10年代春小麦开花期
图 例
北京市 首都
天津市 省级行政中心
保定 一般城市
国界
未定国界
省、自治区、直辖市界
特别行政区界
河流
常年湖、时令湖
运河
珠穆朗玛峰 8844.43 山峰、高程
5260 山口、高程
唐古拉山 山脉名
农作物生育期等值线
比例尺 1：18 000 000
南海诸岛
比例尺 1：36 000 000

20世纪80年代春小麦成熟期
图 例
北京市 首 都
天津市 省级行政中心
保定 一般城市
国 界
未定国界
省、自治区、直辖市界
特别行政区界
河 流
常年湖、时令湖
运 河
珠穆朗玛峰 8844.43 山峰、高程
5260 山口、高程
唐古拉山 山脉名
农作物生育期等值线
比例尺 1：18 000 000
千米 180 0 180 360 540 千米
南海诸岛
比例尺
1：36 000 000
7月1日
7月11日
7月21日
8月1日
8月11日
8月21日
9月1日
9月底

21世纪10年代春小麦成熟期
图例
北京市 首都
天津市 省级行政中心
保定 一般城市
国界
未定国界
省、自治区、直辖市界
特别行政区界
河流
常年湖、时令湖
运河
珠穆朗玛峰 8844.43 山峰、高程
5260 山口、高程
唐古拉山 山脉名
农作物生育期等值线
比例尺 1:18 000 000
南海诸岛
比例尺 1:36 000 000

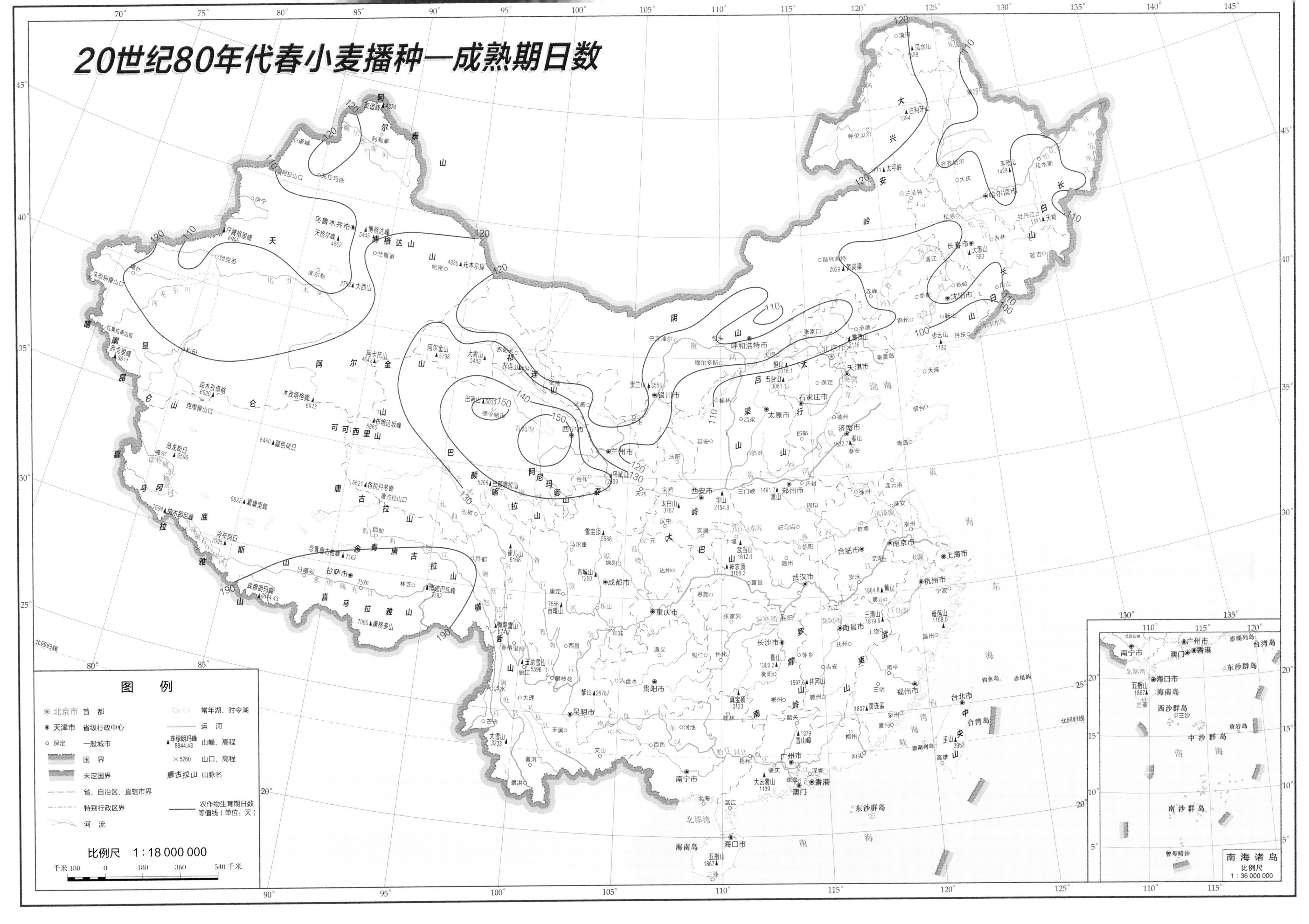
20世纪80年代春小麦播种—成熟期日数
图 例
北京市 首 都
天津市 省级行政中心
保定 一般城市
国 界
未定国界
省、自治区、直辖市界
特别行政区界
河 流
常年湖、时令湖
运 河
珠穆朗玛峰 8844.43 山峰、高程
5260 山口、高程
唐古拉山 山脉名
农作物生育期日数等值线（单位：天）
比例尺 1:18 000 000
南海诸岛
比例尺 1:36 000 000

21世纪10年代春小麦播种—成熟期日数

21世纪10年代春小麦播种—拔节期日数

21世纪10年代春小麦拔节—开花期日数
图 例
北京市 首 都
天津市 省级行政中心
保定 一般城市
国 界
未定国界
省、自治区、直辖市界
特别行政区界
河 流
常年湖、时令湖
运 河
珠穆朗玛峰 8844.43 山峰、高程
5260 山口、高程
唐古拉山 山脉名
农作物生育期日数等值线（单位：天）
比例尺 1:18 000 000
千米 180 0 180 360 540 千米
南海诸岛
比例尺
1:36 000 000

21世纪10年代春小麦开花—成熟期日数
图例
北京市 首都
天津市 省级行政中心
保定 一般城市
国界
未定国界
省、自治区、直辖市界
特别行政区界
河流
常年湖、时令湖
运河
珠穆朗玛峰 8844.43 山峰、高程
×5260 山口、高程
唐古拉山 山脉名
农作物生育期日数等值线（单位：天）
比例尺 1:18 000 000
南海诸岛
比例尺 1:36 000 000

三、一季稻

一季稻生育期变化图说明

在我国，一季稻主要分布在东北一季稻区、华北一季稻区、西北一季稻区、西南一季稻区、长江流域单双季稻作区和华南单双季稻作区。东北一季稻区位于辽东半岛、长城以北和大兴安岭以东，包括黑龙江、吉林、辽宁大部分地区及内蒙古东北部。华北一季稻区位于秦岭—淮河以北、长城以南、关中平原以东，包括北京、天津、河北、山东、河南、山西、陕西和苏皖北部。西北一季稻区位于大兴安岭以西，长城、祁连山与青藏高原以北，包括新疆、甘肃、宁夏、山西和内蒙古部分地区。西南一季稻区主要包括云贵高原和青藏高原。长江流域单双季稻作区是指南岭以北和秦岭以南的广大区域，主要包括苏皖中南部、上海、浙江、江西、湖南、湖北、四川盆地和陕豫南部。华南单双季稻作区是指南岭以南的广大地区，包括云南西南部、广东、广西、福建、海南和台湾等地区。

在本图集中，一季稻生育期划分为 5 个时期，分别是播种期、移栽期、拔节期、开花期和成熟期。本图集包括上述 5 个生育期出现日期的等值线图，以及播种—移栽期日数、移栽—拔节期日数、拔节—开花期日数、开花—成熟期日数和播种—成熟期日数等值线图。

20 世纪 80 年代，一季稻播种期为 4 月初至 5 月下旬，在空间上呈现由北向南逐渐提前的趋势。东北地区一季稻播种期为 5 月初至下旬，华北地区一季稻播种期为 4 月下旬，西北地区一季稻播种期为 4 月下旬至 5 月中旬，西南地区一季稻播种期为 4 月初至中旬，长江流域一季稻播种期为 4 月下旬，华南地区一季稻播种期为 4 月初至下旬。一季稻移栽期为 5 月中旬至 6 月中旬。一季稻拔节期为 6 月下旬至 7 月下旬。一季稻开花期为 7 月下旬至 8 月中旬。一季稻成熟期为 8 月中旬至 9 月底，一季稻的成熟呈现南早北迟的特征。总体上，一季稻播种—成熟期日数为 110—170 天，呈现由西南向东北逐渐减少的趋势。在东北地区，一季稻全生育期日数为 110—140 天，华北地区为 160 天，西北地区为 140—150 天，西南地区为 150—160 天，长江流域为 120—140 天，华南地区为 110—130 天。

21 世纪 10 年代，一季稻播种期为 3 月下旬至 5 月中旬，与 20 世纪 80 年代相比，东北地区一季稻播种期明显提前。一季稻移栽期为 5 月中旬至 6 月下旬。一季稻拔节期为 6 月下旬至 7 月下旬。一季稻开花期为 8 月初至 9 月初。一季稻成熟期为 8 月下旬至 9 月下旬。

与 20 世纪 80 年代相比，由于气温升高、品种更换及新型农业技术的应用，21 世纪 10 年代东北地区一季稻播种期明显提前，一般为 10—30 天。东北、长江流域、华南地区一季稻开花期和成熟期推迟，东北地区推迟 10—20 天，华南地区推迟 10 天。一季稻播种—成熟期日数延长，由 20 世纪 80 年代的 110—170 天延长到 21 世纪 10 年代的 130—175 天，尤其在东北地区，一季稻全生育期日数增加了 40 天。

20世纪80年代一季稻播种期
图 例
北京市 首 都
天津市 省级行政中心
保定 一般城市
国 界
未定国界
省、自治区、直辖市界
特别行政区界
河 流
常年湖、时令湖
运 河
珠穆朗玛峰 8844.43 山峰、高程
5260 山口、高程
唐古拉山 山脉名
农作物生育期等值线
比例尺 1∶18 000 000
千米 180 0 180 360 540千米
南海诸岛
比例尺
1∶36 000 000
5月21日
5月11日
5月1日
4月21日
4月26日
4月16日
4月1日

21世纪10年代一季稻播种期
4月16日
4月11日
4月21日
4月26日
3月26日
4月1日
3月21日
5月11日
5月1日
南海诸岛
比例尺
1∶36 000 000
图例
北京市 首都
天津市 省级行政中心
保定 一般城市
国界
未定国界
省、自治区、直辖市界
特别行政区界
河流
常年湖、时令湖
运河
珠穆朗玛峰 8844.43 山峰、高程
5260 山口、高程
唐古拉山 山脉名
农作物生育期等值线
比例尺 1∶18 000 000

20世纪80年代一季稻移栽期
图 例
北京市 首 都
天津市 省级行政中心
保定 一般城市
国 界
未定国界
省、自治区、直辖市界
特别行政区界
河 流
常年湖、时令湖
运 河
珠穆朗玛峰 8844.43 山峰、高程
×5260 山口、高程
唐古拉山 山脉名
农作物生育期等值线
比例尺 1:18 000 000
千米 180 0 180 360 540 千米
南海诸岛
比例尺
1:36 000 000

21世纪10年代一季稻移栽期
5月11日
5月21日
5月26日
6月1日
6月6日
6月11日
6月16日
图例
北京市 首都
天津市 省级行政中心
保定 一般城市
国界
未定国界
省、自治区、直辖市界
特别行政区界
河流
常年湖、时令湖
运河
珠穆朗玛峰 8844.43 山峰、高程
×5260 山口、高程
唐古拉山 山脉名
农作物生育期等值线
比例尺 1:18 000 000
南海诸岛
比例尺 1:36 000 000

20世纪80年代一季稻拔节期
图 例
北京市 首 都
天津市 省级行政中心
保定 一般城市
国 界
未定国界
省、自治区、直辖市界
特别行政区界
河 流
常年湖、时令湖
运 河
珠穆朗玛峰 8844.43 山峰、高程
×5260 山口、高程
唐古拉山 山脉名
农作物生育期等值线
比例尺 1∶18 000 000
南 海 诸 岛
比例尺 1∶36 000 000

21世纪10年代一季稻拔节期
图 例
北京市 首 都
天津市 省级行政中心
保定 一般城市
国 界
未定国界
省、自治区、直辖市界
特别行政区界
河 流
常年湖、时令湖
运 河
珠穆朗玛峰 8844.43 山峰、高程
5260 山口、高程
唐古拉山 山脉名
农作物生育期等值线
比例尺 1：18 000 000
南海诸岛
比例尺 1：36 000 000

20世纪80年代一季稻抽穗期
图例
北京市 首都
天津市 省级行政中心
保定 一般城市
国界
未定国界
省、自治区、直辖市界
特别行政区界
河流
常年湖、时令湖
运河
珠穆朗玛峰 8844.43 山峰、高程
×5260 山口、高程
唐古拉山 山脉名
农作物生育期等值线
比例尺 1:18 000 000
千米 180 0 180 360 540 千米
南海诸岛
比例尺 1:36 000 000
7月11日
7月21日
7月26日
8月1日
8月11日

21世纪10年代一季稻开花期
图例
北京市 首都
天津市 省级行政中心
保定 一般城市
国界
未定国界
省、自治区、直辖市界
特别行政区界
河流
常年湖、时令湖
运河
珠穆朗玛峰 8844.43 山峰、高程
×5260 山口、高程
唐古拉山 山脉名
农作物生育期等值线
比例尺 1:18 000 000
南海诸岛
比例尺 1:36 000 000
8月1日
8月5日
8月11日
8月16日
8月6日
9月1日
7月11日

20世纪80年代一季稻成熟期
图 例
北京市 首 都
天津市 省级行政中心
保定 一般城市
国 界
未定国界
省、自治区、直辖市界
特别行政区界
河 流
常年湖、时令湖
运 河
珠穆朗玛峰 8844.43 山峰、高程
5260 山口、高程
唐古拉山 山脉名
农作物生育期等值线
比例尺 1:18 000 000
南海诸岛
比例尺 1:36 000 000

21世纪10年代一季稻成熟期
图例
北京市 首都
天津市 省级行政中心
保定 一般城市
国界
未定国界
省、自治区、直辖市界
特别行政区界
河流
常年湖、时令湖
运河
珠穆朗玛峰 8844.43 山峰、高程
5260 山口、高程
唐古拉山 山脉名
农作物生育期等值线
比例尺 1:18 000 000
南海诸岛
比例尺 1:36 000 000

20世纪80年代一季稻播种—成熟期日数

21世纪10年代一季稻播种—成熟期日数
图　例
北京市 首　都
天津市 省级行政中心
保定 一般城市
国　界
未定国界
省、自治区、直辖市界
特别行政区界
河　流
常年湖、时令湖
运　河
珠穆朗玛峰 8844.43 山峰、高程
5260 山口、高程
唐古拉山 山脉名
农作物生育期日数等值线（单位：天）
比例尺　1：18 000 000
千米 180 0 180 360 540 千米
南海诸岛
比例尺
1：36 000 000

21世纪10年代一季稻播种—移栽期日数
图例
北京市 首都
天津市 省级行政中心
保定 一般城市
国界
未定国界
省、自治区、直辖市界
特别行政区界
河流
常年湖、时令湖
运河
珠穆朗玛峰 8844.43 山峰、高程
×5260 山口、高程
唐古拉山 山脉名
农作物生育期日数等值线（单位：天）
比例尺 1:18 000 000
南海诸岛
比例尺 1:36 000 000

21世纪10年代一季稻移栽—拔节期日数
图 例
北京市 首 都
天津市 省级行政中心
保定 一般城市
国 界
未定国界
省、自治区、直辖市界
特别行政区界
河 流
常年湖、时令湖
运 河
珠穆朗玛峰 8844.43 山峰、高程
×5260 山口、高程
唐古拉山 山脉名
农作物生育期日数等值线（单位：天）
比例尺 1：18 000 000
南海诸岛
比例尺 1：36 000 000

21世纪10年代一季稻拔节—开花期日数
图例
北京市 首都
天津市 省级行政中心
保定 一般城市
国界
未定国界
省、自治区、直辖市界
特别行政区界
河流
常年湖、时令湖
运河
珠穆朗玛峰 8844.43 山峰、高程
×5260 山口、高程
唐古拉山 山脉名
农作物生育期日数等值线（单位：天）
比例尺 1:18 000 000
南海诸岛
比例尺 1:36 000 000

21世纪10年代一季稻开花—成熟期日数
图例
北京市 首都
天津市 省级行政中心
保定 一般城市
国界
未定国界
省、自治区、直辖市界
特别行政区界
河流
常年湖、时令湖
运河
珠穆朗玛峰 8844.43 山峰、高程
×5260 山口、高程
唐古拉山 山脉名
农作物生育期日数等值线（单位：天）
比例尺 1:18 000 000
南海诸岛
比例尺 1:36 000 000

四、双季早稻

双季早稻生育期变化图说明

在我国，双季稻主要分布在长江流域湿润双季稻作区和华南湿润双季稻作区。长江流域湿润双季稻作区主要是指南岭以北和秦岭以南的广大区域，包括苏皖中南部、上海、浙江、江西、湖南、湖北、四川盆地和陕豫南部。华南湿润双季稻作区是指南岭以南的广大区域，包括云南西南部、广东、广西、福建、海南和台湾等地区。

双季早稻生育期划分为播种期、移栽期、拔节期、开花期和成熟期。本图集包括上述5个生育期出现日期的等值线图，以及播种—移栽期日数、移栽—拔节期日数、拔节—开花期日数、开花—成熟期日数和播种—成熟期日数等值线图。

20世纪80年代，双季早稻播种期为2月上旬至4月下旬，其中华南湿润双季稻作区早稻播种期为2月上旬至3月下旬，长江流域湿润双季稻作区早稻播种期为4月上旬至下旬。双季早稻移栽期为4月上旬至5月下旬，其中华南湿润双季稻作区移栽期为4月上旬至中旬，长江流域湿润双季稻作区移栽期为5月上旬至下旬。双季早稻拔节期为5月中旬至6月中旬，其中华南湿润双季稻作区为5月中下旬，长江流域湿润双季稻作区为6月上旬至中旬。双季早稻开花期为5月下旬至7月上旬，其中华南湿润双季稻作区为5月下旬至6月中旬，长江流域湿润双季稻作区为6月中旬至7月初。双季早稻成熟期为7月初至8月初，其中华南湿润双季稻作区为7月初至中旬，长江流域湿润双季稻作区为7月下旬至8月初。双季早稻播种—成熟期日数为105—140天，在空间上呈现由南向北逐渐缩短的趋势，在华南湿润双季稻作区，一般播种—成熟期日数为120—140天，长江流域湿润双季稻作区为105—120天。

21世纪10年代，双季早稻播种期为2月上旬至4月上旬，与20世纪80年代相比，除云南南部双季早稻播种期由3月上旬提前到2月上旬外，其他地区双季早稻播种期变化不明显。双季早稻拔节期为5月上旬至6月上旬，其中华南湿润双季稻作区为5月上旬至下旬，长江流域湿润双季稻作区为6月上旬。双季早稻开花期为6月初至7月初，与20世纪80年代相比明显推迟，其中华南湿润双季稻作区推迟10天左右，长江流域湿润双季稻作区推迟10—20天。双季早稻成熟期为7月初至下旬，与20世纪80年代相比，双季早稻成熟期明显提前，尤其是长江流域湿润双季稻作区提前10天左右。受气候变暖、品种更替及农业新技术应用的影响，21世纪10年代双季早稻播种—成熟期日数缩短，由20世纪80年代的105—140天缩短至21世纪10年代的95—110天。

20世纪80年代双季早稻播种期
4月21日
4月11日
4月1日
3月21日
3月11日
3月1日
2月21日
2月11日
南海诸岛
比例尺
1:36 000 000
图 例
北京市 首都
天津市 省级行政中心
保定 一般城市
国界
未定国界
省、自治区、直辖市界
特别行政区界
河流
常年湖、时令湖
运河
珠穆朗玛峰 8844.43 山峰、高程
5260 山口、高程
唐古拉山 山脉名
农作物生育期等值线
比例尺 1:18 000 000
千米 180 0 180 360 540 千米

21世纪10年代双季早稻播种期
图例
北京市 首都
天津市 省级行政中心
保定 一般城市
国界
未定国界
省、自治区、直辖市界
特别行政区界
河流
常年湖、时令湖
运河
珠穆朗玛峰 8844.43 山峰、高程
5260 山口、高程
唐古拉山 山脉名
农作物生育期等值线
比例尺 1:18 000 000
南海诸岛
比例尺 1:36 000 000
4月6日
4月1日
3月21日
3月11日
3月1日
2月1日
北回归线

20世纪80年代双季早稻移栽期
4月1日
4月11日
4月21日
5月1日
5月11日
5月21日
南海诸岛
比例尺 1:36 000 000
图例
北京市 首都
天津市 省级行政中心
保定 一般城市
国界
未定国界
省、自治区、直辖市界
特别行政区界
河流
常年湖、时令湖
运河
珠穆朗玛峰 8844.43 山峰、高程
×5260 山口、高程
唐古拉山 山脉名
农作物生育期等值线
比例尺 1:18 000 000
千米 180 0 180 360 540 千米

21世纪10年代双季早稻移栽期
3月11日
4月1日
4月11日
4月21日
5月1日
5月6日
南海诸岛
比例尺
1:36 000 000
图 例
北京市 首 都
天津市 省级行政中心
保定 一般城市
国 界
未定国界
省、自治区、直辖市界
特别行政区界
河 流
常年湖、时令湖
运 河
珠穆朗玛峰 8844.43 山峰、高程
5260 山口、高程
唐古拉山 山脉名
农作物生育期等值线
比例尺 1:18 000 000

20世纪80年代双季早稻拔节期

21世纪10年代双季早稻拔节期
图例
北京市 首都
天津市 省级行政中心
保定 一般城市
国界
未定国界
省、自治区、直辖市界
特别行政区界
河流
常年湖、时令湖
运河
珠穆朗玛峰 8844.43 山峰、高程
×5260 山口、高程
唐古拉山 山脉名
农作物生育期等值线
比例尺 1:18 000 000
5月1日
5月11日
5月21日
6月1日
6月6日
南海诸岛
比例尺 1:36 000 000

20世纪80年代双季早稻抽穗期
图例
北京市 首都
天津市 省级行政中心
保定 一般城市
国界
未定国界
省、自治区、直辖市界
特别行政区界
河流
常年湖、时令湖
运河
珠穆朗玛峰 8844.43 山峰、高程
×5260 山口、高程
唐古拉山 山脉名
农作物生育期等值线
比例尺 1:18 000 000
南海诸岛
比例尺 1:36 000 000
5月21日
6月1日
6月11日
6月21日
7月1日

21世纪10年代双季早稻开花期

20世纪80年代双季早稻成熟期

21世纪10年代双季早稻成熟期

20世纪80年代双季早稻播种—成熟期日数

21世纪10年代双季早稻播种—成熟期日数

21世纪10年代双季早稻播种—移栽期日数

21世纪10年代双季早稻移栽—拔节期日数

21世纪10年代双季早稻拔节—开花期日数

21世纪10年代双季早稻开花—成熟期日数

五、双季晚稻

双季晚稻生育期变化图说明

我国双季晚稻分布区域与双季早稻分布区域完全一致，主要为长江流域湿润双季稻作区和华南湿润双季稻作区。长江流域湿润双季稻作区是指南岭以北和秦岭以南的广大区域，包括苏皖中南部、上海、浙江、江西、湖南、湖北、四川盆地和陕豫南部。华南湿润双季稻作区是指南岭以南的广大区域，包括云南西南部、广东、广西、福建、海南和台湾等地区。在本图集中，双季晚稻生育期划分为播种期、移栽期、拔节期、开花期和成熟期。在图中分别绘制这些生育期中值等值线，以及播种—移栽期、移栽—拔节期、拔节—开花期、开花—成熟期和播种—成熟期日数等值线。

20 世纪 80 年代，双季晚稻播种期集中在 6 月中下旬，大部分地区在 6 月 15 日前后，双季晚稻分布区北部和四川盆地稍早一些，一般在 6 月 10 日。双季晚稻移栽期为 7 月 20 日至 8 月初，大部分地区在 7 月 25 日前后，广东、广西、福建及云南的思茅（现为普洱）、景洪等地延迟到 8 月初。在空间上，双季晚稻拔节期从北向南逐渐延后，在长江流域北部和四川盆地一般为 8 月上旬，南岭地区在 8 月 20 日前后，广东、广西沿海和云南的思茅、景洪则出现在 9 月 10 日前后。双季晚稻抽穗期持续 20 多天，其中长江流域和四川盆地一般出现在 9 月 10 日前后，南岭地区和云南中部，包括福建东部、湘赣南部、广西北部，一般出现在 9 月 20 日，广东、广西中南部和云南南部一般出现在 10 月初。双季晚稻成熟期从北向南逐渐延迟，其中长江流域湿润双季稻作区一般为 10 月下旬，南岭地区和云南中部，包括福建沿海、湘赣南部、广西北部，一般在 11 月初，广东、广西中南部和云南南部则延迟到 11 月 10 日前后。

21 世纪 10 年代，双季晚稻播种期延后，在北部地区播种始于 6 月 21 日前后，广东和广西沿海地区则为 7 月 20 日。在空间上，双季晚稻播种开始日期从北向南逐渐推迟，其中大部分地区在 6 月下旬至 7 月下旬。双季晚稻移栽期持续时间为 15 天左右，其中北部地区开始于 7 月下旬，南部地区则在 8 月上旬，从北向南逐渐延迟，大部分地区在 8 月上旬。双季晚稻拔节期从 7 月下旬一直持续到 9 月初，其中北部地区，如江苏南京，安徽合肥，湖北孝感、枣阳，陕西安康和汉中一线，拔节期一般在 7 月下旬；在长江中下游地区的浙江、江苏、湖北和湖南等地，拔节期一般在 8 月上中旬；在广东、广西和福建等省（自治区），拔节期则出现在 8 月下旬至 9 月初。双季晚稻开花期从分布区北部 9 月上旬开始，向南逐渐延迟到 10 月上旬，大部分地区在 9 月中下旬。双季晚稻成熟期也从北向南逐渐延后，北部地区一般在 10 月上旬，中部地区在 10 月中下旬，而东南沿海地区则在 11 月上旬。

比较两个时段双季晚稻生育期可以发现，21 世纪 10 年代双季晚稻北部地区播种期延后 10 天左右，东南沿海地区延后 15 天左右；移栽期持续日数较 20 世纪 80 年代有显著的增加，这可能与水稻品种更替和茬口安排有很大的关系。虽然两个时段双季晚稻拔节期、开花期和成熟期在局部地区存在差异，但总体变化不大。与 20 世纪 80 年代相比，21 世纪 10 年代双季晚稻全生育期日数有所减少，减少日数为 35 天左右。

20世纪80年代双季晚稻播种期
6月11日
6月16日
6月21日
南海诸岛
比例尺
1:36 000 000
图例
北京市 首都
天津市 省级行政中心
保定 一般城市
国界
未定国界
省、自治区、直辖市界
特别行政区界
河流
常年湖、时令湖
运河
珠穆朗玛峰 8844.43 山峰、高程
5260 山口、高程
唐古拉山 山脉名
农作物生育期等值线
比例尺 1:18 000 000

21世纪10年代双季晚稻播种期
图例
北京市 首都
天津市 省级行政中心
保定 一般城市
国界
未定国界
省、自治区、直辖市界
特别行政区界
河流
常年湖、时令湖
运河
珠穆朗玛峰 8844.43 山峰、高程
×5260 山口、高程
唐古拉山 山脉名
农作物生育期等值线
比例尺 1:18 000 000
6月21日
7月1日
7月11日
7月16日
7月21日
南海诸岛
比例尺 1:36 000 000

20世纪80年代双季晚稻移栽期
7月21日
7月26日
8月1日
南海诸岛
比例尺
1:36 000 000
图例
北京市 首都
天津市 省级行政中心
保定 一般城市
国界
未定国界
省、自治区、直辖市界
特别行政区界
河流
常年湖、时令湖
运河
珠穆朗玛峰 8844.43 山峰、高程
×5260 山口、高程
唐古拉山 山脉名
农作物生育期等值线
比例尺 1:18 000 000
千米 180 0 180 360 540 千米

21世纪10年代双季晚稻移栽期

20世纪80年代双季晚稻拔节期
图 例
北京市 首 都
天津市 省级行政中心
保定 一般城市
国 界
未定国界
省、自治区、直辖市界
特别行政区界
河 流
常年湖、时令湖
运 河
珠穆朗玛峰 8844.43 山峰、高程
×5260 山口、高程
唐古拉山 山脉名
农作物生育期等值线
比例尺 1:18 000 000
8月11日
8月21日
9月1日
9月11日
南海诸岛
比例尺 1:36 000 000

21世纪10年代双季晚稻拔节期

20世纪80年代双季晚稻抽穗期
图例
北京市 首都
天津市 省级行政中心
保定 一般城市
国界
未定国界
省、自治区、直辖市界
特别行政区界
河流
常年湖、时令湖
运河
珠穆朗玛峰 8844.43 山峰、高程
×5260 山口、高程
唐古拉山 山脉名
农作物生育期等值线
比例尺 1:18 000 000
9月11日
9月21日
10月1日
南海诸岛
比例尺 1:36 000 000

21世纪10年代双季晚稻开花期
9月6日
9月11日
9月21日
10月1日
10月11日
图 例
北京市 首都
天津市 省级行政中心
保定 一般城市
国界
未定国界
省、自治区、直辖市界
特别行政区界
河流
常年湖、时令湖
运河
珠穆朗玛峰 8844.43 山峰、高程
5260 山口、高程
唐古拉山 山脉名
农作物生育期等值线
比例尺 1：18 000 000
千米 180 0 180 360 540 千米
南海诸岛
比例尺
1：36 000 000

20世纪80年代双季晚稻成熟期

21世纪10年代双季晚稻成熟期
图 例
北京市 首 都
天津市 省级行政中心
保定 一般城市
国 界
未定国界
省、自治区、直辖市界
特别行政区界
河 流
常年湖、时令湖
运 河
珠穆朗玛峰 8844.43 山峰、高程
×5260 山口、高程
唐古拉山 山脉名
农作物生育期等值线
比例尺 1:18 000 000
千米 180 0 180 360 540 千米
南海诸岛
比例尺 1:36 000 000
10月11日
10月21日
11月1日
11月11日

20世纪80年代双季晚稻播种—成熟期日数

21世纪10年代双季晚稻播种—成熟期日数
图　例
北京市　首　都
天津市　省级行政中心
保定　一般城市
国　界
未定国界
省、自治区、直辖市界
特别行政区界
河　流
常年湖、时令湖
运　河
珠穆朗玛峰 8844.43　山峰、高程
5260　山口、高程
唐古拉山　山脉名
农作物生育期日数等值线（单位：天）
比例尺　1：18 000 000
千米 180　0　180　360　540 千米
南海诸岛
比例尺
1：36 000 000
95
100
105
110
150

21世纪10年代双季晚稻播种—移栽期日数

21世纪10年代双季晚稻移栽—拔节期日数
图 例
北京市 首 都
天津市 省级行政中心
保定 一般城市
国 界
未定国界
省、自治区、直辖市界
特别行政区界
河 流
常年湖、时令湖
运 河
珠穆朗玛峰 8844.43 山峰、高程
5260 山口、高程
唐古拉山 山脉名
农作物生育期日数等值线（单位：天）
比例尺 1∶18 000 000
千米 180 0 180 360 540 千米
南海诸岛
比例尺
1∶36 000 000
15
20
25
30

21世纪10年代双季晚稻拔节—开花期日数
图 例
北京市 首 都
天津市 省级行政中心
保定 一般城市
国 界
未定国界
省、自治区、直辖市界
特别行政区界
河 流
常年湖、时令湖
运 河
珠穆朗玛峰 8844.43 山峰、高程
×5260 山口、高程
唐古拉山 山脉名
农作物生育期日数等值线（单位：天）
比例尺 1:18 000 000
南海诸岛
比例尺 1:36 000 000

21世纪10年代双季晚稻开花—成熟期日数
图 例
北京市 首都
天津市 省级行政中心
保定 一般城市
国界
未定国界
省、自治区、直辖市界
特别行政区界
河流
常年湖、时令湖
运河
珠穆朗玛峰 8844.43 山峰、高程
5260 山口、高程
唐古拉山 山脉名
农作物生育期日数等值线（单位：天）
比例尺 1:18 000 000
南海诸岛
比例尺
1:36 000 000

六、春玉米

春玉米生育期变化图说明

玉米作为主要粮食作物之一，近年来发展十分迅速，种植区域和面积不断扩大，种植区域由原来主要集中的东北、华北地区逐渐扩展到全国，形成了一个由东北、华北和西南地区构成的从东北到西南的斜长形玉米种植带。春玉米分布区一般都是高纬度或者高海拔地区，气温较低，积温不足，作物熟制以一年一熟为主。具体的分布区包括东北的黑龙江、吉林、辽宁和内蒙古东部，西北地区的新疆、青海、宁夏，冀陕两省北部，晋甘两省大部分地区，西南地区的云南、贵州、重庆和湘鄂西部山区。

春玉米生育期划分为播种期、拔节期、抽雄期和成熟期等。在图中分别绘制这些生育期中值等值线，以及播种—拔节期、拔节—抽雄期、抽雄—成熟期和播种—成熟期日数等值线。

20 世纪 80 年代，在空间上，春玉米播种期从南向北随着温度降低而逐渐推迟，播种最早在 2 月 11 日，最晚在 5 月 11 日，整个播种期为 90 天左右，其中西北内陆地区春玉米播种期一般为 4 月 11 日至 5 月 1 日，东北地区春玉米播种期一般为 4 月 21 日至 5 月 11 日。与播种期一样，拔节期也从南向北逐渐推迟，西南山地由于立体气候和茬口衔接的原因，春玉米拔节期随着播种期的推迟而延后 20 天左右。春玉米抽雄期和成熟期的变化表现出区域分异的特点。春玉米全生育期日数一般为 110—150 天，且具有十分明显的区域分异的特点：在东北地区中北部，春玉米全生育期日数为 130—140 天；在东北地区南部，内蒙古中部，西北地区的甘肃、宁夏、新疆和华北地区，春玉米全生育期日数为 140—150 天；在长江流域和华南地区，春玉米全生育期日数为 110—130 天。

与 20 世纪 80 年代相比，21 世纪近 10 年的春玉米播种期呈现推迟的趋势，但整体变化幅度不大，在西南地区，由于茬口的原因，春玉米播种期推迟比较明显，10 日间隔的等值线往南移动了 1—2 个纬度。拔节期总体上也从北向南普遍推迟，一般为 7—10 天，但新疆地区春玉米拔节期未发生明显变化，在西南地区，拔节期随着播种期的推迟而延后 20 天左右。南方地区春玉米抽雄期出现一定程度的提前，而华北和东北地区的变化十分微小。东北地区的黑龙江、吉林、辽宁及内蒙古东北部，粤桂南部的春玉米成熟期推迟 20 天，华北地区和西北大部分地区延后 7—10 天，新疆北部地区延后 10 天左右。

在全国范围内春玉米播种—拔节期日数为 45—70 天，拔节—抽雄期日数为 15—35 天，抽雄—成熟期日数为 40—65 天，而其中北方地区、广西南部和广东南部地区一般在 60 天以上。由于气候条件、玉米品种和农业生产方式的变化，与 20 世纪 80 年代相比，新疆北部地区春玉米全生育期日数延长约 20 天，东北地区全生育期日数延长约 10 天。

20世纪80年代春玉米播种期
图例
北京市 首都
天津市 省级行政中心
保定 一般城市
国界
未定国界
省、自治区、直辖市界
特别行政区界
河流
常年湖、时令湖
运河
珠穆朗玛峰 8844.43 山峰、高程
5260 山口、高程
唐古拉山 山脉名
农作物生育期等值线
比例尺 1:18 000 000
千米 180 0 180 360 540 千米
南海诸岛
比例尺
1:36 000 000

21世纪10年代春玉米播种期
图例
北京市 首都
天津市 省级行政中心
保定 一般城市
国界
未定国界
省、自治区、直辖市界
特别行政区界
河流
常年湖、时令湖
运河
珠穆朗玛峰 8844.43 山峰、高程
×5260 山口、高程
唐古拉山 山脉名
农作物生育期等值线
比例尺 1:18 000 000
南海诸岛
比例尺 1:36 000 000

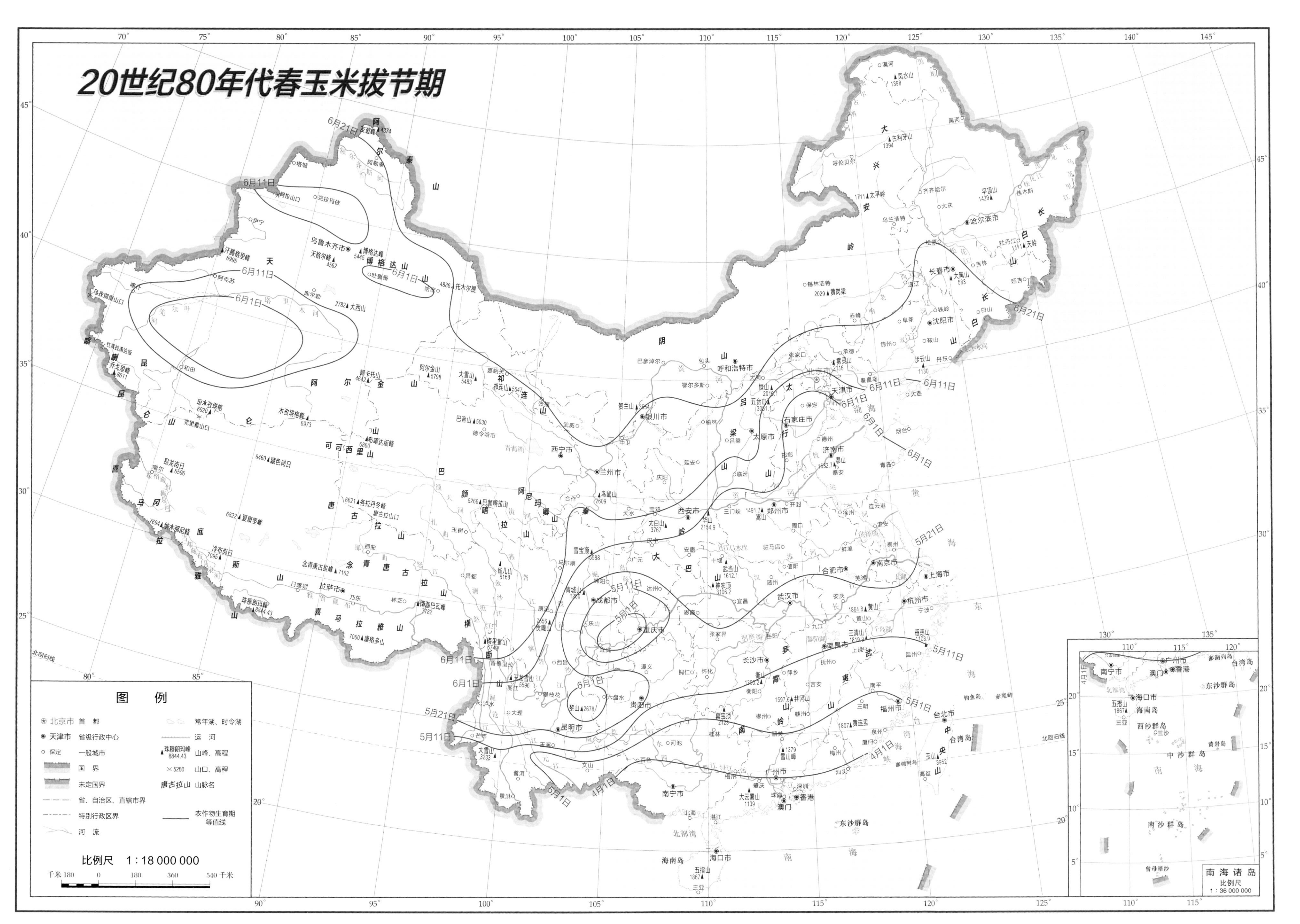
20世纪80年代春玉米拔节期
图例
北京市 首都
天津市 省级行政中心
保定 一般城市
国界
未定国界
省、自治区、直辖市界
特别行政区界
河流
常年湖、时令湖
运河
珠穆朗玛峰 8844.43 山峰、高程
× 5260 山口、高程
唐古拉山 山脉名
农作物生育期等值线
比例尺 1:18 000 000
南海诸岛
比例尺 1:36 000 000

21世纪10年代春玉米拔节期

20世纪80年代春玉米抽雄期
图例
北京市 首都
天津市 省级行政中心
保定 一般城市
国界
未定国界
省、自治区、直辖市界
特别行政区界
河流
常年湖、时令湖
运河
珠穆朗玛峰 8844.43 山峰、高程
×5260 山口、高程
唐古拉山 山脉名
农作物生育期等值线
比例尺 1:18 000 000
千米 180 0 180 360 540 千米
南海诸岛
比例尺 1:36 000 000

21世纪10年代春玉米抽雄期
图例
北京市 首都
天津市 省级行政中心
保定 一般城市
国界
未定国界
省、自治区、直辖市界
特别行政区界
河流
常年湖、时令湖
运河
珠穆朗玛峰 8844.43 山峰、高程
5260 山口、高程
唐古拉山 山脉名
农作物生育期等值线
比例尺 1:18 000 000
南海诸岛
比例尺 1:36 000 000
5月1日
5月11日
5月21日
6月1日
6月11日
6月21日
7月1日
7月11日
7月21日
8月1日

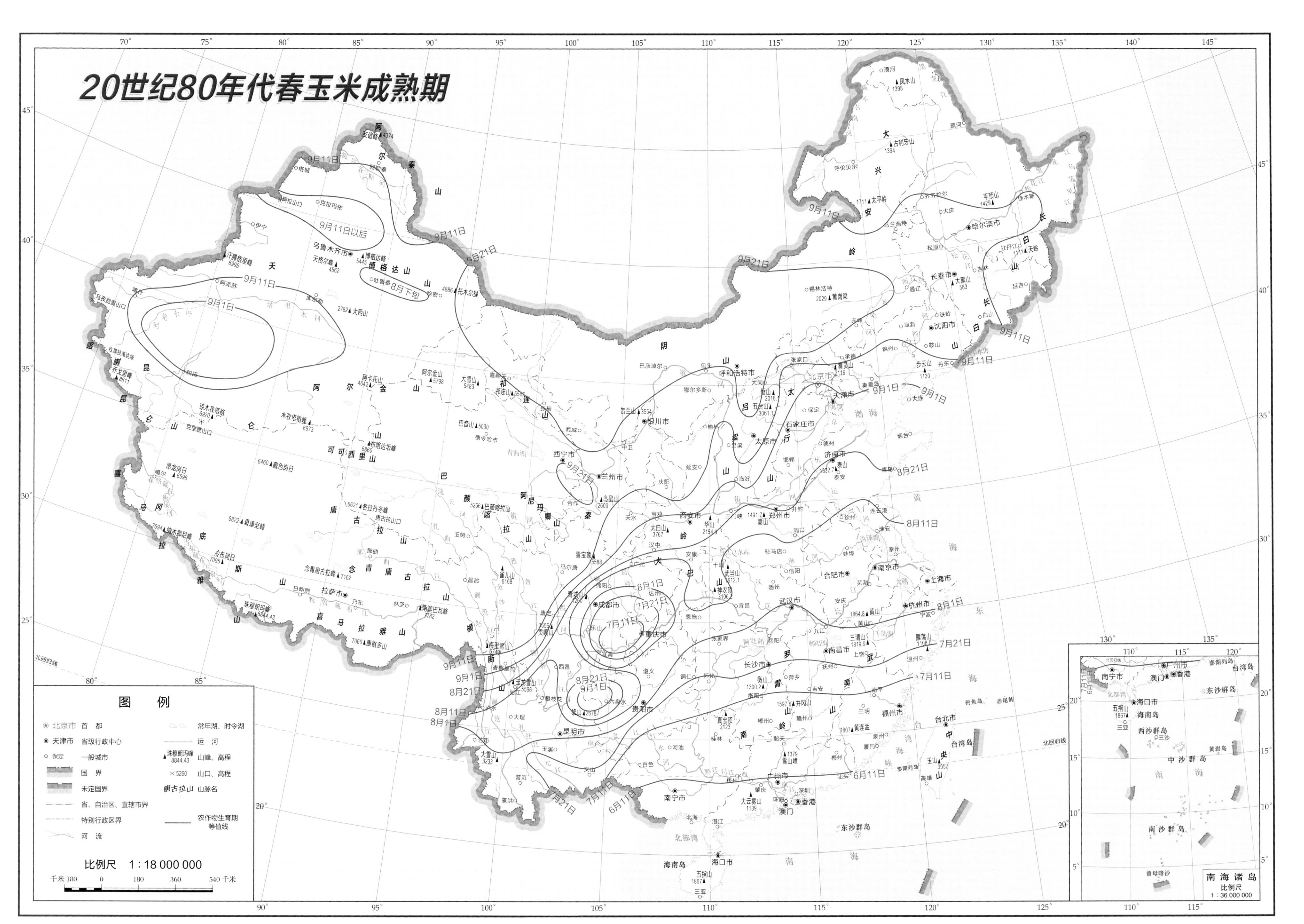

20世纪80年代春玉米成熟期
图例
北京市 首都
天津市 省级行政中心
保定 一般城市
国界
未定国界
省、自治区、直辖市界
特别行政区界
河流
常年湖、时令湖
运河
珠穆朗玛峰 8844.43 山峰、高程
×5260 山口、高程
唐古拉山 山脉名
农作物生育期等值线
比例尺 1:18 000 000
南海诸岛
比例尺 1:36 000 000

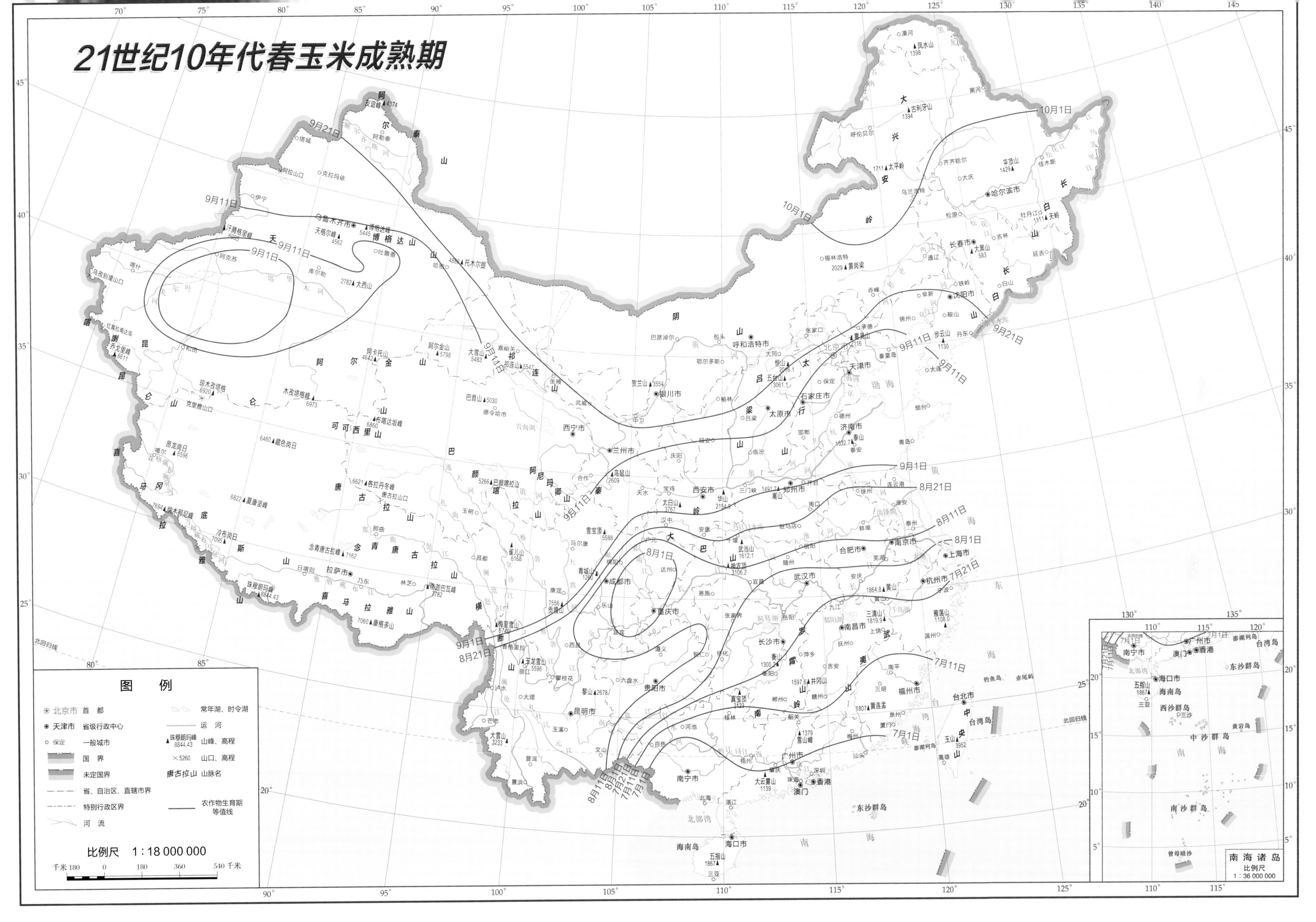

21世纪10年代春玉米成熟期
图 例
北京市 首 都
天津市 省级行政中心
保定 一般城市
国 界
未定国界
省、自治区、直辖市界
特别行政区界
河 流
常年湖、时令湖
运 河
珠穆朗玛峰 8844.43 山峰、高程
×5260 山口、高程
唐古拉山 山脉名
农作物生育期等值线
比例尺 1：18 000 000
千米 180 0 180 360 540 千米
南海诸岛
比例尺 1：36 000 000
10月1日
9月21日
9月11日
9月1日
8月21日
8月11日
8月1日
7月21日
7月11日
7月1日

20世纪80年代春玉米播种—成熟期日数
图 例
北京市 首 都
天津市 省级行政中心
保定 一般城市
国 界
未定国界
省、自治区、直辖市界
特别行政区界
河 流
常年湖、时令湖
运 河
珠穆朗玛峰 8844.43 山峰、高程
×5260 山口、高程
唐古拉山 山脉名
农作物生育期日数等值线（单位：天）
比例尺 1：18 000 000
南海诸岛
比例尺 1：36 000 000

21世纪10年代春玉米播种—成熟期日数

21世纪10年代春玉米播种—拔节期日数
图 例
北京市 首 都
天津市 省级行政中心
保定 一般城市
国 界
未定国界
省、自治区、直辖市界
特别行政区界
河 流
常年湖、时令湖
运 河
珠穆朗玛峰 8844.43 山峰、高程
5260 山口、高程
唐古拉山 山脉名
农作物生育期日数等值线（单位：天）
比例尺 1：18 000 000
千米 180 0 180 360 540 千米
南海诸岛
比例尺
1：36 000 000

21世纪10年代春玉米拔节—抽雄期日数
图　例
北京市　首　都
天津市　省级行政中心
保定　一般城市
国　界
未定国界
省、自治区、直辖市界
特别行政区界
河　流
常年湖、时令湖
运　河
珠穆朗玛峰 8844.43　山峰、高程
×5260　山口、高程
唐古拉山　山脉名
农作物生育期日数等值线（单位：天）
比例尺　1：18 000 000
千米 180　0　180　360　540 千米
南海诸岛
比例尺
1：36 000 000
北京市
天津市
石家庄市
太原市
呼和浩特市
沈阳市
长春市
哈尔滨市
上海市
南京市
杭州市
合肥市
福州市
南昌市
济南市
郑州市
武汉市
长沙市
广州市
南宁市
海口市
重庆市
成都市
贵阳市
昆明市
拉萨市
西安市
兰州市
西宁市
银川市
乌鲁木齐市
台北市
香港
澳门

21世纪10年代春玉米抽雄—成熟期日数

七、夏玉米

夏玉米生育期变化图说明

在我国，夏玉米主要集中分布在黄淮海地区（包括河南、山东、河北中南部、陕西中部、山西南部、苏皖北部地区）、长江中下游地区和西南地区。夏玉米生育期划分为播种期、拔节期、抽雄期和成熟期等，本图集除了包含夏玉米各生育期等值线图外，还包含播种—拔节期、拔节—抽雄期、抽雄—成熟期和播种—成熟期日数等值线图。

夏玉米生育期与区域自然条件密切相关，20 世纪 80 年代在北纬 22° 以北地区，播种期随着纬度增加而逐渐延后。在北纬 22° —30° 地区，每向北移动 0.5° —1° ，播种期延后 10 天左右；在北纬 30° —37° 东部地区，每向北移动 2° —5° ，播种期延后 10 天。在西南地区的四川、重庆、湘鄂西部山区，播种期在 5 月下旬。在北部地区，抽雄期开始于 8 月 10 日前后，在黄淮海地区，抽雄期在 8 月 5 日前后，并且随着纬度降低，抽雄期逐渐提前。在北纬 25° 以南地区，由于播种期变化的原因，抽雄期一般在 9 月中下旬；在四川、重庆及湘鄂西部山区，抽雄期在 7 月中下旬；在云贵渝交界地区，抽雄期在 8 月初。

21 世纪近 10 年，由南到北夏玉米播种期从 5 月上旬一直持续到 6 月下旬。在浙江金华，江西南昌、鹰潭，湖南长沙、益阳、常德、沅陵，贵州榕江，广西河池、百色一线，播种期始于 5 月上旬，并呈现纬度每向北增加 1° ，播种期延后 5 天左右的规律，但在四川、重庆和湘鄂西部山区，播种期一般在 5 月上旬。在河北唐山、廊坊，山西太原、临汾，陕西铜川，甘肃天水、岷县等地区，播种期一般在 6 月下旬。在浙江金华，江西南昌、鹰潭，湖南长沙、益阳、常德、沅陵、芷江，贵州榕江，广西河池、百色一线，夏玉米拔节期始于 6 月中下旬，并随着纬度增加而逐渐延迟。在北纬 36° —40° 地区，夏玉米拔节期出现在 8 月初；在四川和重庆，拔节期出现在 7 月初。夏玉米成熟期从 8 月中下旬持续到 10 月初，北部的成熟晚，南部的成熟早。

与 20 世纪 80 年代相比，21 世纪 10 年代夏玉米播种期总体上变化不大。播种期主要受前茬作物的影响，如华北地区主要受冬小麦收获期的影响；在长江流域，由于前茬作物比较复杂，播种期总体提前 10 天左右。与 20 世纪 80 年代相比，21 世纪 10 年代北部地区夏玉米抽雄期有延后的趋势，一般为 5—10 天。夏玉米成熟期呈现从北向南普遍提前的情况，提前了 5—10 天。

夏玉米全生育期日数为 95—110 天，东部沿海地区夏玉米全生育期日数较短，一般在 100 天以下，而华北和西北地区夏玉米全生育期日数相对较长。与 20 世纪 80 年代相比，21 世纪 10 年代夏玉米全生育期日数除云南和贵州地区缩短了 10—15 天外，全国其他地区普遍增加 5—10 天。夏玉米播种—拔节期日数为 30—50 天，拔节—抽雄期日数为 20—30 天，抽雄—成熟期日数一般为 30—45 天，而新疆地区可高达 50 天以上。

20世纪80年代夏玉米播种期

21世纪10年代夏玉米播种期

21世纪10年代夏玉米拔节期
6月21日
7月1日
7月11日
7月21日
8月1日
南海诸岛
比例尺
1:36 000 000
图例
北京市 首都
天津市 省级行政中心
保定 一般城市
国界
未定国界
省、自治区、直辖市界
特别行政区界
河流
常年湖、时令湖
运河
珠穆朗玛峰 8844.43 山峰、高程
×5260 山口、高程
唐古拉山 山脉名
农作物生育期等值线
比例尺 1:18 000 000
千米 180 0 180 360 540 千米

20世纪80年代夏玉米抽雄期

21世纪10年代夏玉米抽雄期

20世纪80年代夏玉米成熟期
图例
北京市 首都
天津市 省级行政中心
保定 一般城市
国界
未定国界
省、自治区、直辖市界
特别行政区界
河流
常年湖、时令湖
运河
珠穆朗玛峰 8844.43 山峰、高程
5260 山口、高程
唐古拉山 山脉名
农作物生育期等值线
比例尺 1:18 000 000
10月6-10日
9月26日
10月1日
9月21日
9月11日
9月1日
8月21日
10月下旬
南海诸岛
比例尺 1:36 000 000

21世纪10年代夏玉米成熟期

20世纪80年代夏玉米播种—成熟期日数

21世纪10年代夏玉米播种—成熟期日数
图例
北京市 首都
天津市 省级行政中心
保定 一般城市
国界
未定国界
省、自治区、直辖市界
特别行政区界
河流
常年湖、时令湖
运河
珠穆朗玛峰 8844.43 山峰、高程
×5260 山口、高程
唐古拉山 山脉名
农作物生育期日数等值线（单位：天）
比例尺 1:18 000 000
南海诸岛
比例尺 1:36 000 000

21世纪10年代夏玉米播种—拔节期日数
图例
北京市 首都
天津市 省级行政中心
保定 一般城市
国界
未定国界
省、自治区、直辖市界
特别行政区界
河流
常年湖、时令湖
运河
珠穆朗玛峰 8844.43 山峰、高程
×5260 山口、高程
唐古拉山 山脉名
农作物生育期日数等值线（单位：天）
比例尺 1:18 000 000
千米 180 0 180 360 540 千米
南海诸岛
比例尺 1:36 000 000

21世纪10年代夏玉米拔节—抽雄期日数

21世纪10年代夏玉米抽雄—成熟期日数

八、棉　花

棉花生育期变化图说明

我国棉花基本上分布在北纬 18°—46°、东经 76°—124° 地区。随着棉花生产布局的调整，棉花生产已经由分散向优势区域集中，形成西北内陆、黄淮流域和长江流域三大棉花主产区。新疆棉区是 20 世纪 80 年代后逐渐形成的，包括南疆、北疆和东疆，属于一年一熟的灌溉棉区。黄淮流域棉区包括河北的长城以南地区、山东、河南（不包括南阳、信阳）、山西南部、陕西关中和苏皖两省的淮河以北地区，棉花种植以单作或与小麦等作物套种为主。长江流域棉区包括四川盆地的浅山丘陵岗地、洞庭湖平原、江汉平原、鄱阳湖平原、南襄盆地和滨海地区，一般是粮（油）棉一年两熟，以移栽棉为主。本图集中棉花生育期包括播种期、现蕾期、开花期和吐絮期等。

由于棉花新品种、新型植棉技术和气候条件的影响，在空间上，棉花生育期存在明显的区域分异，不同区域之间棉花生育期有较大的不同；在时间上，同一地区棉花生育期也存在明显的变化。比较 21 世纪 10 年代和 20 世纪 80 年代两个时段的棉花生育期，可以发现三大棉区的棉花播种期都出现了不同程度的提前，尤其是西北内陆棉区，由于大规模利用膜下滴灌技术，播种期提前约 15 天，而黄淮流域和长江流域棉区也普遍提前 5—10 天。由于棉花播种期提前，导致开花期也普遍提前，一般为 5—7 天。与 20 世纪 80 年代相比，21 世纪 10 年代在新疆、甘肃西北部和秦岭—淮河以南棉区，棉花吐絮期普遍推迟 5—10 天，而在秦岭—淮河以北地区，吐絮期变化较小。

棉花全生育期日数取决于棉花品种、种植技术和气候条件。总体上，在新疆和黄淮流域棉区，棉花全生育期日数为 140—160 天；在长江流域棉区，棉花全生育期日数为 135—145 天。与 20 世纪 80 年代相比，21 世纪 10 年代棉花全生育期日数都呈现增加趋势，一般增加 5—20 天，但各地之间存在差异，在内陆棉区（新疆和甘肃西北部），棉花全生育期日数增加较多，为 10—20 天。棉花播种—现蕾期日数一般为 50—70 天，但新疆棉区棉花播种—现蕾期日数较少，一般在 55 天以下；棉花现蕾—开花期日数为 20—35 天；棉花开花—吐絮期日数一般为 50—70 天，但黄淮流域和甘肃西北部棉区持续时间较长，一般在 70 天以上。

由于气候变化，新品种的采用，新型植棉技术，尤其是西北内陆和黄淮流域棉区地膜覆盖技术的广泛应用，大大地促进了棉花早播，延长了棉花全生育期日数，有效地提高了棉花产量和品质。在应用本图集进行棉花生产活动指导时，应充分考虑当地气候条件、品种特性和种植技术，选择最适播种时期，合理避开霜期，从而促进棉花生产。

20世纪80年代棉花播种期

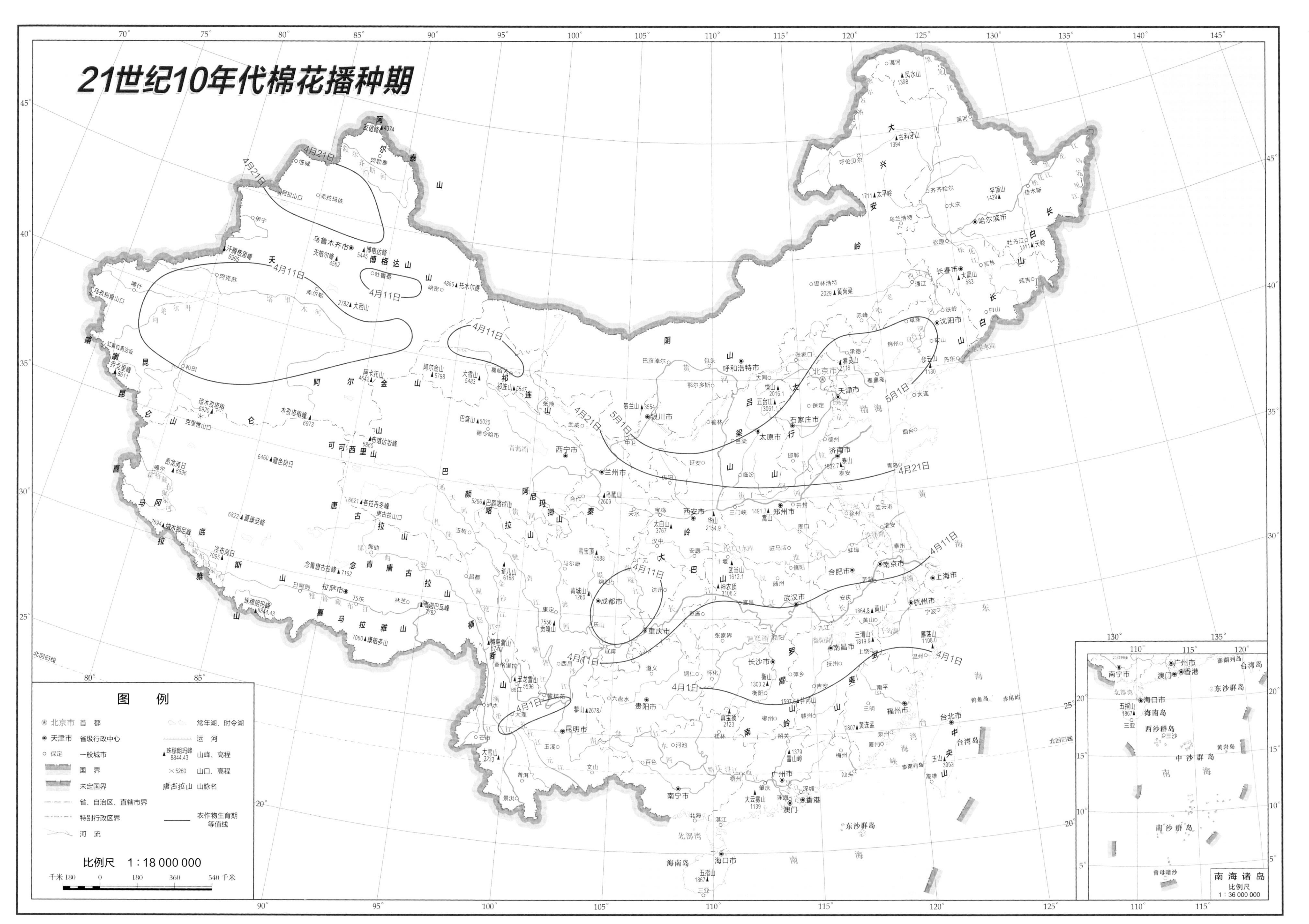
21世纪10年代棉花播种期
图例
北京市 首都
天津市 省级行政中心
保定 一般城市
国界
未定国界
省、自治区、直辖市界
特别行政区界
河流
常年湖、时令湖
运河
珠穆朗玛峰 8844.43 山峰、高程
5260 山口、高程
唐古拉山 山脉名
农作物生育期等值线
比例尺 1∶18 000 000
千米 180 0 180 360 540 千米
南海诸岛
比例尺 1∶36 000 000
4月1日
4月11日
4月21日
5月1日

20世纪80年代棉花现蕾期
图 例
北京市 首 都
天津市 省级行政中心
保定 一般城市
国 界
未定国界
省、自治区、直辖市界
特别行政区界
河 流
常年湖、时令湖
运 河
珠穆朗玛峰 8844.43 山峰、高程
×5260 山口、高程
唐古拉山 山脉名
农作物生育期等值线
比例尺 1：18 000 000
千米 180 0 180 360 540 千米
南海诸岛
比例尺 1：36 000 000
6月11日
6月16日
6月21日
6月26日

21世纪10年代棉花现蕾期
图例
北京市 首都
天津市 省级行政中心
保定 一般城市
国界
未定国界
省、自治区、直辖市界
特别行政区界
河流
常年湖、时令湖
运河
珠穆朗玛峰 8844.43 山峰、高程
5260 山口、高程
唐古拉山 山脉名
农作物生育期等值线
比例尺 1:18 000 000
南海诸岛
比例尺 1:36 000 000

20世纪80年代棉花开花期
7月1日
7月6日
7月11日
7月16日
7月21日
7月26日
7月上旬
7月6日
7月11日
7月16日
图 例
北京市 首 都
天津市 省级行政中心
保定 一般城市
国 界
未定国界
省、自治区、直辖市界
特别行政区界
河 流
常年湖、时令湖
运 河
珠穆朗玛峰 8844.43 山峰、高程
×5260 山口、高程
唐古拉山 山脉名
农作物生育期等值线
比例尺 1:18 000 000
千米 180 0 180 360 540 千米
南海诸岛
比例尺
1:36 000 000

21世纪10年代棉花开花期

20世纪80年代棉花吐絮期
9月11日
10月1日
9月21日
9月1日
8月21日
8月11日
9月16日
8月26日
8月底至9月初
南海诸岛
比例尺
1：36 000 000
图 例
北京市 首 都
天津市 省级行政中心
保定 一般城市
国 界
未定国界
省、自治区、直辖市界
特别行政区界
河 流
常年湖、时令湖
运 河
珠穆朗玛峰 8844.43 山峰、高程
×5260 山口、高程
唐古拉山 山脉名
农作物生育期等值线
比例尺 1：18 000 000

21世纪10年代棉花吐絮期

20世纪80年代棉花播种—吐絮期日数
图例
北京市 首都
天津市 省级行政中心
保定 一般城市
国界
未定国界
省、自治区、直辖市界
特别行政区界
河流
常年湖、时令湖
运河
珠穆朗玛峰 8844.43 山峰、高程
5260 山口、高程
唐古拉山 山脉名
农作物生育期日数等值线（单位：天）
比例尺 1：18 000 000
千米 180 0 180 360 540千米
南海诸岛
比例尺
1：36 000 000
120
125
130
135
140
145
150
155

21世纪10年代棉花播种—吐絮期日数
图例
北京市 首都
天津市 省级行政中心
保定 一般城市
国界
未定国界
省、自治区、直辖市界
特别行政区界
河流
常年湖、时令湖
运河
珠穆朗玛峰 8844.43 山峰、高程
×5260 山口、高程
唐古拉山 山脉名
农作物生育期日数等值线（单位：天）
比例尺 1：18 000 000
南海诸岛
比例尺 1：36 000 000

21世纪10年代棉花播种—现蕾期日数

21世纪10年代棉花现蕾—开花期日数
图例
北京市 首都
天津市 省级行政中心
保定 一般城市
国界
未定国界
省、自治区、直辖市界
特别行政区界
河流
常年湖、时令湖
运河
珠穆朗玛峰 8844.43 山峰、高程
×5260 山口、高程
唐古拉山 山脉名
农作物生育期日数等值线（单位：天）
比例尺 1：18 000 000
南海诸岛
比例尺 1：36 000 000
20
25
30
35

21世纪10年代棉花开花—吐絮期日数
图例
北京市 首都
天津市 省级行政中心
保定 一般城市
国界
未定国界
省、自治区、直辖市界
特别行政区界
河流
常年湖、时令湖
运河
珠穆朗玛峰 8844.43 山峰、高程
×5260 山口、高程
唐古拉山 山脉名
农作物生育期日数等值线（单位：天）
比例尺 1:18 000 000
南海诸岛
比例尺 1:36 000 000

九、春大豆

春大豆生育期图说明

在我国，除了热量极度不足的高海拔、高纬度地区，年降水量在250毫米以下且无灌溉条件的地区以外，一般均有春大豆种植。春大豆集中产区在东北平原、黄淮平原、长江三角洲平原和江汉平原等。在本图集中，春大豆生育期分为播种期、分枝期、开花期和成熟期。

春大豆的生育期具有非常大的区域分异。在黄河、秦岭以北地区，随着纬度增加，春大豆播种期逐渐延迟，在北京、河北北部、山西北部、宁夏东北部、甘肃东北部，春大豆播种期在4月底至5月初；在东北的辽宁、吉林和内蒙古东南部，播种期在5月上旬；在黑龙江和内蒙古海拉尔，春大豆播种期进一步延迟到5月中下旬。在黄河、秦岭以南地区，随着纬度降低，春大豆播种期逐渐提前，在山东中南部，河南，山西运城，陕西铜川、宝鸡和汉中等地，春大豆播种期在4月中下旬，再往南4—5个纬度，春大豆播种期提前10天。在南部地区，春大豆的播种期很早，最早出现在3月初，大部分地区在3月至4月初。因此，南北不同地区春大豆播种期差异可以达到2个月，一般相差40—50天。在新疆的南疆地区，春大豆播种期在4月20日前后，而北疆地区则从5月初持续到5月中下旬。春大豆的其他生育阶段，包括分枝期、开花期和成熟期，也都遵循此变化规律。南部地区春大豆分枝期一般从4月下旬开始，北部地区分枝期较南部地区推迟约60天。南部地区春大豆开花期一般始于6月上旬，北部地区较南部地区晚40—50天。南部地区春大豆成熟期一般在7月初，而东北地区春大豆成熟期则在9月中下旬，较南部地区晚约70天。

春大豆全生育期日数为100—140天，从南向北随着纬度增加，春大豆全生育期日数逐渐增多，在广东、广西、湖南、江西和皖鄂南部，春大豆全生育期日数为100天左右；在江苏、湖北北部、河南南部、陕西南部，春大豆全生育期日数为110天左右；在山东、河南中北部、河北中南部、山西南部和陕西中部，春大豆全生育期日数为120天左右；在北京、天津、河北和山西北部、陕西北部、甘肃东北部和内蒙古西南部，春大豆全生育期日数为130天左右；在东北地区（包括黑龙江、吉林、辽宁西北部）和内蒙古中东部，春大豆全生育期日数达140多天。新疆的南疆地区春大豆全生育期日数为135天左右，而北疆地区全生育期日数为125天。春大豆播种—分枝期日数为30—50天，从南向北该生育期日数逐渐增加。春大豆分枝—开花期日数为15—40天，西北和北部地区短，而南部地区较长。春大豆开花—成熟期日数差异较大，南部地区一般为30—40天，华北地区为50天左右，而在东北地区和新疆，春大豆从开花到成熟需要2个月以上。

21世纪10年代春大豆播种期
图例
北京市 首都
天津市 省级行政中心
保定 一般城市
国界
未定国界
省、自治区、直辖市界
特别行政区界
河流
常年湖、时令湖
运河
珠穆朗玛峰 8844.43 山峰、高程
×5260 山口、高程
唐古拉山 山脉名
农作物生育期等值线
比例尺 1：18 000 000
南海诸岛
比例尺 1：36 000 000

21世纪10年代春大豆分枝期
图例
北京市 首都
天津市 省级行政中心
保定 一般城市
国界
未定国界
省、自治区、直辖市界
特别行政区界
河流
常年湖、时令湖
运河
珠穆朗玛峰 8844.43 山峰、高程
×5260 山口、高程
唐古拉山 山脉名
农作物生育期等值线
比例尺 1:18 000 000
南海诸岛
比例尺 1:36 000 000
7月1日
6月21日
6月11日
6月1日
5月21日
5月11日
5月1日
4月21日
北回归线

21世纪10年代春大豆开花期

21世纪10年代春大豆成熟期
7月1日
7月11日
7月21日
8月1日
8月11日
8月21日
9月1日
9月11日
9月21日
图例
北京市 首都
天津市 省级行政中心
保定 一般城市
国界
未定国界
省、自治区、直辖市界
特别行政区界
河流
常年湖、时令湖
运河
珠穆朗玛峰 8844.43 山峰、高程
×5260 山口、高程
唐古拉山 山脉名
农作物生育期等值线
比例尺 1：18 000 000
南海诸岛
比例尺 1：36 000 000

21世纪10年代春大豆播种—成熟期日数
图例
北京市 首都
天津市 省级行政中心
保定 一般城市
国界
未定国界
省、自治区、直辖市界
特别行政区界
河流
常年湖、时令湖
运河
珠穆朗玛峰 8844.43 山峰、高程
×5260 山口、高程
唐古拉山 山脉名
农作物生育期日数等值线（单位：天）
比例尺 1:18 000 000
千米 180 0 180 360 540 千米
南海诸岛
比例尺 1:36 000 000

21世纪10年代春大豆播种—分枝期日数

21世纪10年代春大豆分枝—开花期日数
图例
北京市 首都
天津市 省级行政中心
保定 一般城市
国界
未定国界
省、自治区、直辖市界
特别行政区界
河流
常年湖、时令湖
运河
珠穆朗玛峰 8844.43 山峰、高程
5260 山口、高程
唐古拉山 山脉名
农作物生育期日数等值线（单位：天）
比例尺 1:18 000 000
南海诸岛
比例尺 1:36 000 000

21世纪10年代春大豆开花—成熟期日数
南海诸岛
比例尺
1:36 000 000
图例
北京市 首都
天津市 省级行政中心
保定 一般城市
国界
未定国界
省、自治区、直辖市界
特别行政区界
河流
常年湖、时令湖
运河
珠穆朗玛峰 8844.43 山峰、高程
×5260 山口、高程
唐古拉山 山脉名
农作物生育期日数等值线（单位：天）
比例尺 1:18 000 000
千米 180 0 180 360 540 千米

十、夏大豆

夏大豆生育期图说明

我国夏大豆主要分布在华北平原及其以南的广大地区，包括华北平原、长江流域及东南沿海等地区。与春大豆相同，夏大豆生育期分为播种期、分枝期、开花期和成熟期。

夏大豆与春大豆的生育期具有相似性，存在明显的区域分异。分布区北界在北京、河北中部、山西南部和陕西中南部，南界可达东南沿海。夏大豆播种期从5月初一直持续到6月中下旬，并从南向北随着纬度增加，播种期逐渐延迟。

在北部地区，如华北平原、黄土高原东南部，夏大豆播种期在6月中旬至6月底；在山东南部、苏皖北部、河南、陕西汉中和甘肃南部，夏大豆播种期在6月中旬；在长江流域，夏大豆播种期一般在5月下旬至6月初；在南部地区，夏大豆播种期在5月初。因此，南北不同地区夏大豆播种期差异为1—2个月。夏大豆的其他生育阶段，包括分枝期、开花期和成熟期，也都遵循此变化规律。南部地区夏大豆分枝期一般从6月上旬开始，中部地区在7月上旬，而北部地区在7月底至8月初。南部地区夏大豆开花期一般始于7月上旬，中部地区在7月中下旬，而北部地区在8月初至上旬。夏大豆成熟期从8月下旬一直持续到10月上旬，南部地区一般在8月下旬，中部地区在9月中上旬，而北部地区在9月底至10月初。夏大豆全生育期日数为100—110天，总体上区域分异不明显，成熟期的早晚主要与播种期有关，其中夏大豆播种—分枝期日数为30—40天，分枝—开花期日数为10—20天，开花—成熟期日数为50—55天。

21世纪10年代夏大豆播种期
5月1日
5月11日
5月21日
6月1日
6月11日
6月16日
6月21日
南海诸岛
比例尺
1：36 000 000
图例
北京市 首都
天津市 省级行政中心
保定 一般城市
国界
未定国界
省、自治区、直辖市界
特别行政区界
河流
常年湖、时令湖
运河
珠穆朗玛峰 8844.43 山峰、高程
5260 山口、高程
唐古拉山 山脉名
农作物生育期等值线
比例尺 1：18 000 000

21世纪10年代夏大豆分枝期
8月1日
7月26日
7月21日
7月11日
7月1日
6月21日
6月11日
图 例
北京市 首 都
天津市 省级行政中心
保定 一般城市
国 界
未定国界
省、自治区、直辖市界
特别行政区界
河 流
常年湖、时令湖
运 河
珠穆朗玛峰 8844.43 山峰、高程
5260 山口、高程
唐古拉山 山脉名
农作物生育期等值线
比例尺 1∶18 000 000
千米 180 0 180 360 540 千米
南海诸岛
比例尺 1∶36 000 000

21世纪10年代夏大豆开花期
7月1日
7月11日
7月21日
8月1日
8月6日
8月11日
南海诸岛
比例尺
1:36 000 000
图例
北京市 首都
天津市 省级行政中心
保定 一般城市
国界
未定国界
省、自治区、直辖市界
特别行政区界
河流
常年湖、时令湖
运河
珠穆朗玛峰 8844.43 山峰、高程
×5260 山口、高程
唐古拉山 山脉名
农作物生育期等值线
比例尺 1:18 000 000
千米 180 0 180 360 540 千米

21世纪10年代夏大豆成熟期

21世纪10年代夏大豆播种—成熟期日数

21世纪10年代夏大豆播种—分枝期日数
图　例
北京市　首　都
天津市　省级行政中心
保定　一般城市
国　界
未定国界
省、自治区、直辖市界
特别行政区界
河　流
常年湖、时令湖
运　河
珠穆朗玛峰 8844.43　山峰、高程
5260　山口、高程
唐古拉山　山脉名
农作物生育期日数等值线（单位：天）
比例尺　1：18 000 000
千米 180　0　180　360　540 千米
30
35
40
北京市
天津市
石家庄市
太原市
呼和浩特市
银川市
兰州市
西宁市
西安市
郑州市
济南市
南京市
上海市
杭州市
合肥市
武汉市
成都市
重庆市
贵阳市
昆明市
长沙市
南昌市
福州市
台北市
广州市
香港
澳门
南宁市
海口市
拉萨市
乌鲁木齐市
哈尔滨市
长春市
沈阳市
南海诸岛
比例尺
1：36 000 000

21世纪10年代夏大豆分枝—开花期日数
图 例
北京市 首 都
天津市 省级行政中心
保定 一般城市
国 界
未定国界
省、自治区、直辖市界
特别行政区界
河 流
常年湖、时令湖
运 河
珠穆朗玛峰 8844.43 山峰、高程
5260 山口、高程
唐古拉山 山脉名
农作物生育期日数等值线（单位：天）
比例尺 1：18 000 000
千米 180 0 180 360 540 千米
南 海 诸 岛
比例尺
1：36 000 000

21世纪10年代夏大豆开花—成熟期日数